微信小程序开发1+X证书制度系列教材

微信小程序开发

（初级）

主　编：腾讯云计算（北京）有限责任公司

副主编：王贤辰　李　丹　夏春飞　练俊灏

主　审：冯　杰

电子工业出版社

Publishing House of Electronics Industry

北京·**BEIJING**

内容简介

本书是腾讯云计算（北京）有限责任公司开发的"1+X"职业技能等级证书微信小程序开发（初级）的配套教材，是一本基于"项目导向，任务驱动"教学理念的实用性教材。本书突出职业教育教学改革思路，围绕小程序开发人员工作任务的实施过程来组织内容。

本书共8个项目，项目1～3主要讲解HTML5、CSS3和JavaScript的基础知识和使用技巧，项目4介绍移动端网页开发，项目5～7介绍微信小程序文件结构、页面逻辑、数据绑定和页面渲染、小程序发布流程、小程序云开发基础，项目8介绍小程序常用组件和API。部分项目又细化为若个任务，每个任务配有"实操视频"，实现理实一体化。

本书可作为中高职、应用型本科院校移动互联及计算机相关专业的教材，也可作为移动互联应用开发人员的自学指导书和社会培训用书。

图书在版编目（CIP）数据

微信小程序开发. 初级 / 腾讯云计算（北京）有限责任公司主编 .—— 北京：电子工业出版社 , 2022.2
ISBN 978-7-121-42896-8

Ⅰ . ①微… Ⅱ . ①腾… Ⅲ . ①移动终端—应用程序—程序设计—高等学校—教材 Ⅳ . ① TN929.53

中国版本图书馆 CIP 数据核字（2022）第 022084 号

责任编辑：朱怀永　　　　特约编辑：付　晶
印　　刷：北京捷迅佳彩印刷有限公司
装　　订：北京捷迅佳彩印刷有限公司
出版发行：电子工业出版社
　　　　　北京市海淀区万寿路 173 信箱　邮编 100036
开　　本：787×1092　1/16　印张：14.25　字数：364.8 千字
版　　次：2022 年 2 月第 1 版
印　　次：2025 年 2 月第 4 次印刷
定　　价：46.00 元

凡所购买电子工业出版社图书有缺损问题，请向购买书店调换。若书店售缺，请与本社发行部联系，联系及邮购电话：（010）88254888，88258888。

质量投诉请发邮件至 zlts@phei.com.cn，盗版侵权举报请发邮件至 dbqq@phei.com.cn。

本书咨询联系方式：（010）88254608 或 zhy@phei.com.cn。

前　言

为贯彻《国家职业教育改革实施方案》，落实 1+X 证书制度试点工作有关政策要求，腾讯云计算（北京）有限责任公司发挥在微信小程序开发领域积累的技术优势和人才培养培训经验，与高校开展校企合作，并开发系列教材。

本书是"1+X"职业技能等级证书微信小程序开发（初级）的配套教材。本书配套教学资源丰富，包括教学 PPT、授课计划、大纲、操作视频等，可以供学习者下载或在线观看。

本书在整理众多编写人员企业项目开发、课程建设、技能竞赛等方面的经验并理顺微信小程序开发人员所需的知识和技能的基础上编写而成。本书突出职业教育教学改革思路，围绕工作任务的实际实施过程来组织内容。本书中的项目由企业研发过程的案例提炼而来，重在培养读者分析问题和解决问题的能力。对应项目的教学 PPT 和操作视频可以通过扫描书中的二维码获取和观看。

本书由腾讯云计算（北京）有限责任公司主编，深圳职业技术学院王贤辰老师、东莞市信息技术学校李丹老师、玉溪技师学院夏春飞老师、深圳市第一职业技术学校练俊灏老师担任副主编，佛山市南海区信息技术学校麦蔼岚老师、深圳职业技术学院易勇和王汝泉老师、佛山市顺德区陈登职业技术学校黄永杰、腾讯云计算（北京）有限责任公司李翔和陈建凤参与编写，腾讯云计算（北京）有限责任公司冯杰担任主审。本书在编写过程中参考了大量书籍和技术文献，在此对原编写人员表示感谢。限于时间仓促，书中难免存在不足之处，请广大读者批评指正。

编者
2021 年 9 月

目　录

项目3 制作项目提成计算器

项目4 制作房屋装饰网站

项目5 体验小程序项目模板

项目6　制作ToDoList小程序

项目7　制作扩展版ToDoList小程序

项目8　指南针小程序

项目1

制作新闻网站

项目教学 PPT

项目情景

随着信息技术的快速发展，以及社会节奏的加快，人们的信息获取方式也发生了巨大变化，传统媒体已不能满足人们获取信息的需求。现在人们更倾向于通过新媒体快速浏览、获取海量信息。本项目是设计一个提供新闻资讯的网站，让用户随时随地发现新鲜事。

项目分析

新闻网站主要包括以下两个页面。

（1）新闻首页，也分为页头、正文两个部分。页头为页面标题，正文为新闻分类表格，页面结构如图 1-1 所示。

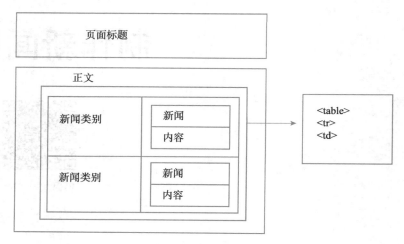

图 1-1　新闻网站首页页面结构

（2）二级页面，也分为页头、正文两个部分。页头为页面标题，正文包括新闻锚点链接、新闻内容和回到顶部锚点链接，页面结构如图 1-2 所示。

学习目标

（一）知识目标

（1）理解 HTML 基本语法；

（2）掌握 HTML 常用基础组件及其属性。

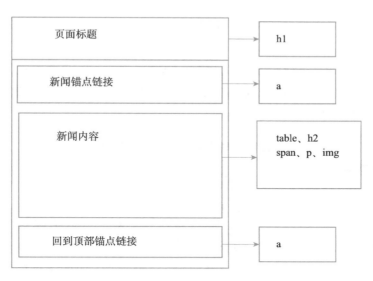

图 1-2　新闻网站二级页面结构

（二）技能目标

（1）能够熟练使用文本控制标签、图像标签、超链接标签、表格标签等；

（2）能够书写规范的 HTML 代码。

（三）素质目标

（1）具备 Web 前端开发的标准意识；

（2）培养网页开发的整体规划能力。

 知识准备

1. HTML 简介

1）HTML

HTML 全称为超文本标记语言（Hyper Text Markup Language），是一种制作万维网页面的标准语言。HTML 包括一系列标记标签（markup tag），是用标记标签来描述网页的一种标记语言。

2）HTML 标签

HTML 标记标签通常被称为 HTML 标签（HTML tag），HTML 标签是 HTML 中最基本的单位。HTML 基本标签及其含义如表 1-1 所示。

● HTML 标签由一对尖括号 <> 及标签名组成，如"主体 <body>"。

● HTML 标签名无大小写区分，如"<body>"跟"<BODY>"表示的意思是一样的，推荐使用小写。

● HTML 标签通常是成对出现的，称为"开始标签"和"结束标签"，或称为开放标签（opening tag）和闭合标签（closing tag），这两种标签的名称是相同的，只是结束标签多了一个斜杠"/"，如"<p>"和"</p>"。

表 1-1 HTML 基本标签及其含义

标签名		含义
开始标签	结束标签	
<html>	</html>	表示 HTML 文件的起始和终止，<html> 标签在文档的首行，</html> 标签在最后一行，网页中的内容放在这两个标签之间
<head>	</head>	表示网页的头部标签，用来定义文件的头部信息
<body>	</body>	表示文件主体区，<body> 和 </body> 之间是网页的主题内容和其他用于控制文本显示方式的标签
<title>	</title>	表示网页标题，用于定义浏览器窗口标题栏上的文本信息等
<p>	</p>	表示文本段落

3）HTML 文件

HTML 文件是一个包含标记标签的超文本文件，又称静态网页，其内容是遵循 HTML 结构语法的网页代码，因此 HTML 文件必须用"htm"或者"html"作为扩展名。

HTML 文件可以用 Web 浏览器读取，并以网页的形式显示。浏览器不会显示 HTML 标签，而是使用标签来解释页面的内容。下面是一个可视化的 HTML 文件页面结构。

```
<!DOCTYPE html>
<html lang="en">
  <head>
  </head>
  <body>
  </body>
</html>
```

2. HTML 元素

HTML 文件页面结构由 HTML 元素来定义，HTML 元素是指从开始标签（start tag）到结束标签（end tag）的所有代码。例如，"<p> This is a paragraph </p>"，"This is a paragraph"就是 HTML 元素内容。

1）HTML 元素语法

（1）HTML 元素以开始标签起始。

（2）HTML 元素以结束标签终止。

（3）元素内容是开始标签与结束标签之间的内容。

（4）某些 HTML 元素具有空内容（empty content）。

（5）空元素在开始标签中进行关闭（以开始标签的结束而结束）。

（6）大多数 HTML 元素可拥有属性。

（7）大多数 HTML 元素可以嵌套（可以包含其他 HTML 元素）。

例如，下面的 HTML 文件由嵌套的 HTML 元素构成，它包含"<html>""<body>"和"<p>"三个元素。

```
<html>
<body>
    <p>This is my first paragraph.</p>
</body>
</html>
```

2）HTML 主体元素

（1）HTML <head> 元素。

<head> 元素包含了所有的头部标签元素。在 <head> 元素中可以插入脚本（scripts）、样式文件（CSS）及各种 meta 信息。可以添加在头部区域的元素标签为 <title>, <style>, <meta>, <link>, <script>, <noscript> 和 <base>。

（2）HTML <title> 元素。

<title> 标签可定义不同文档的标题，它在 HTML/XHTML 文件中是必需的。

<title> 元素包括以下内容：

● 定义浏览器工具栏的标题。

● 当网页添加到收藏夹时，显示在收藏夹中的标题。

● 显示在搜索引擎结果页面的标题。

<title> 元素的语法格式及应用代码示例如下：

```
<!DOCTYPE html>
  <html>
    <head>
```

```
    <meta charset="utf-8">
<title> 文档标题 </title>
  </head>
<body>
      文档内容 ……
</body>
  </html>
```

（3）HTML <base> 元素。

<base> 元素描述了基本的链接地址 / 链接目标，该标签作为 HTML 文件中所有的链接标签的默认链接。

<base> 元素的语法格式及应用代码示例如下：

```
<head>
<base href="http://www.runoob.com/images/" target="_blank">
</head>
```

（4）HTML <link> 元素。

<link> 元素定义了文档与外部资源之间的关系，通常用于链接到样式表。

<link> 元素的语法格式及应用代码示例如下：

```
<head>
<link rel="stylesheet" type="text/css" href="mystyle.css">
</head>
```

（5）HTML <style> 元素。

<style> 元素定义了 HTML 文件的样式文件引用地址，在 <style> 元素中也可以直接添加样式来渲染 HTML 文件。

<style> 元素的语法格式及应用代码示例如下：

```
<head>
<style type="text/css">
body {background-color:yellow}
```

```
p {color:blue}
</style>
</head>
```

（6）HTML <meta> 元素。

如将 HTML 文件看作一个数据，那么 <meta> 标签就是用来描述这个 HTML 文件的元数据［元数据（metadata）即描述数据的数据］，<meta> 标签是一个单标签。<meta> 元素一般放置于 <head> 区域，用于提供网页的描述、关键词、文件的最后修改时间、作者等元数据，这些元数据不会显示在网页页面上，但可为浏览器（如何显示内容或重新加载页面）、搜索引擎（关键词）或其他 Web 服务。

<meta> 标签的语法格式及应用代码示例如下。

为搜索引擎定义关键词：

```
<meta name="keywords" content="HTML, CSS, XML, XHTML, JavaScript">
```

为网页定义描述内容：

```
<meta name="description" content="免费 Web & 编程教程">
```

定义网页作者：

```
<meta name="author" content="Runoob">
```

每 30 秒钟刷新当前页面：

```
<meta http-equiv="refresh" content="30">
```

3）HTML 的无语义元素

HTML 中每个标签都有自己的语义。例如，<body> 表示主体，<head> 表示 HTML 文件信息头。但也有两个无语义的标签，如 <span> 和 <div>。

<span> 标签可用在一行文本中，定义一个区域，将区域内的元素进行组合，以便使用

应用样式来对它们进行渲染，<span> 标签本身没有样式，并且不具有换行的效果。

<span> 标签的语法格式及应用代码示例如下：

```
<!DOCTYPE html><html><head>
<meta charset="utf-8" />
<title>html 中 span 标签的详细介绍 </title>
</head>
<body style="background-color: bisque;">
<h3>span 标签演示 </h3>
<p>html 中 <span style="color:blue;">span 标签 </span> 的详细介绍 </p>
</body></html>
```

<div> 标签被称为区隔标记，它把文档分割为独立的、不同的部分，并可作为组织工具，且不使用任何格式将这些部分关联。<div> 标签常被用来设定文字、图片、表格等的摆放位置。

<div> 元素是一个块级元素，用来为 HTML 文档内的块内容提供结构和背景元素。<div> 元素的特性由 <div> 标签的属性来控制，或者是通过使用样式表格式化这个块来进行控制。

<div> 标签的语法格式及应用代码示例如下：

```
<body>
 <h1>NEWS WEBSITE</h1>
  <p>some text. some text. some text...</p>
  ...
 <div class="news">
  <h2>News headline 1</h2>
  <p>some text. some text. some text...</p>
  ...
 </div>
 <div class="news">
  <h2>News headline 2</h2>
  <p>some text. some text. some text...</p>
  ...
 </div>
 ...
</body>
```

<span> 标签和 <div> 标签存在不同，<span> 是内联便签，用在一行文本中，前后衔接紧密；而 <div> 是块级标签，它等同于其前后有换行。

　　4）HTML 标题

　　标题（Heading）是通过 <h1> ～ <h6> 标签进行定义的。<h1> 标签定义最大的标题，<h6> 标签定义最小的标题。HTML 标题标签只可用于标题，不能为了生成粗体或大号的文本而使用标题标签。搜索引擎使用标题为网页的结构和内容编制索引，使用户可以通过标题来快速浏览网页，因此用标题来呈现文档结构是很重要的。<h1> 标签用作主标题（最重要的），其后是 <h2>（次重要的），再次是 <h3>，以此类推。

　　<h1> ～ <h6> 标签的语法格式及应用代码示例如下：

```
<h1> 这是一个标题。</h1>
<h2> 这是一个标题。</h2>
<h3> 这是一个标题。</h3>
…
<h6> 这是一个标题。</h6>
```

　　在实际构建文档结构过程中，可能还会用到 <hr> 标签，使用该标签会在浏览器中创建一条水平线，可以在视觉上将文档分割成多个部分。

　　<hr> 标签的语法格式示例如下：

```
<p> 这是一个段落。</p>
<hr>
<p> 这是一个段落。</p>
<hr>
<p> 这是一个段落。</p>
```

　　5）HTML 段落

　　通过 <p> 标签可以对 HTML 文档进行段落定义，它可以将文档分割为若干段落，且浏览器会自动在段落前后添加空行。如果要在不产生一个新段落的情况下进行换行（新行），可使用
 标签。
 元素是一个空的 HTML 元素，关闭标签没有任何意义，因此
 标签没有结束标签。

　　段落标签的语法格式及应用代码示例如下：

```
<p> 这个 <br> 段落 <br> 演示了分行的效果 </p>
```

6）HTML 图像

在 HTML 文件中，图像由 <img> 标签定义。<img> 标签是一个空标签，没有结束标签，它包含 src 和 alt 两个必要属性。

（1）src 属性。

要在页面上显示图像，需要使用 src 属性（source）。src 属性的值是图像的 URL 地址。src 属性的语法格式如下：

```
<img src="url" alt="some_text">
```

（2）alt 属性。

alt 属性用来为图像定义一串预备可替换文本。替换文本属性的值是用户定义的。

alt 属性的语法格式如下：

```
<img src="boat.gif " alt="Big Boat">
```

7）HTML 链接

HTML 文件使用 <a> 标签来设置超文本链接。超链接可以是一个字、一个词，或者一组词，也可以是一幅图像，用户可以点击这些内容跳转到新的文档或者当前文档中的某个部分。当把鼠标指针移动到网页中的某个链接上时，箭头会变成手的形状。

默认情况下，链接将以以下形式出现在浏览器中：

● 一个未访问过的链接显示为蓝色字体并带有下划线。

● 访问过的链接显示为紫色并带有下划线。

● 点击链接时，链接显示为红色并带有下划线。

（1）href 属性。

在 <a> 标签中通过使用 href 属性来创建指向另一个文档的链接，href 属性规定链接的目标。开始标签和结束标签之间的内容被作为超级链接来显示。

href 属性的语法格式如下：

```
<a href="url"> 链接文本 </a>
```

（2）target 属性。

<a> 标签的 target 属性规定在何处打开链接文档。如果在一个 <a> 标签内包含一个 target 属性，浏览器将会载入和显示用这个标签的 href 属性命名的、名称与这个目标吻合的框架或者窗口中的文档。如果这个指定名称或 ID 的框架或者窗口不存在，浏览器将打开一个新的窗口，给这个窗口一个指定的标记，然后将新的文档载入该窗口。从此以后，超链接文档就可以指向这个新的窗口。target 属性的"值"及含义描述如表 1-2 所示。

表 1-2　target 属性的"值"及含义描述表

值	含义描述
_blank	在新窗口中打开被链接文档
_self	默认，在相同的框架中打开被链接文档
_parent	在父框架集中打开被链接文档
_top	在整个窗口中打开被链接文档
Framename	在指定的框架中打开被链接文档

target 属性的语法格式如下：

```
<a href="http://www.w3school.com.cn/" target="_blank">Visit
W3School!</a>
```

（3）name 属性。

name 属性规定锚（anchor）的名称。name 属性用于创建 HTML 内部的书签，书签不会以任何特殊方式显示，它对用户是不可见的。当使用命名锚（named anchors）时，可以创建直接跳至页面中某个节的链接，这样使用者就无须不停地滚动页面来寻找他们需要的信息了。

命名锚的语法格式如下：

```
<a name="label">Text to be displayed</a>
```

注：锚的名称可以是任何名称。

（4）锚点跳转。

HTML 文档内部已命名的锚：

```
<a name="tips">Useful Tips Section</a>
```

然后，创建指向相同文档中"useful Tips Section"部分的链接：

```
<a href="#tips">Visit the Useful Tips Section</a>
```

或者，创建从另一个页面指向该文档中"useful Tips Section"部分的链接：

```
<a href="http://www.w3school.com.cn/html_links.htm#tips">
Visit the Useful Tips Section
</a>
```

在上面的代码中，我们将 # 符号和锚名称添加到 URL 的末端，就可以直接链接到 **tips** 这个命名锚了。

8）HTML 表格

表格由 <**table**> 标签来定义。表格中的行由 <**tr**> 标签定义，单元格由 <**td**> 标签定义。字母 **td** 指表格数据（**table data**），即数据单元格的内容。数据单元格可以包含文本、图片、列表、段落、表单、水平线、表格等。

（1）边框属性（border）。

HTML 表格可使用边框属性 **border** 来显示一个带有边框的表格，如果不定义边框属性，表格将不显示边框。

带有边框的表格定义代码示例如下：

```
<table border="1">
  <tr>
    <td>row 1, cell 1</td>
    <td>row 1, cell 2</td>
  </tr>
<tr>
    <td>row 2, cell 1</td>
    <td>row 2, cell 2</td>
  </tr>
</table>
```

浏览器显示效果如图 1-3 所示。

row 1, cell 1	row 1, cell 2
row 2, cell 1	row 2, cell 2

图 1-3　带有边框的表格定义在浏览器中的显示效果

（2）表格表头。

表格的表头使用 <th> 标签进行定义。大多数浏览器会把表头显示为粗体居中的文本。带表头、边框的表格定义代码示例如下：

```
<table border="1">
  <tr>
    <th>Header 1</th>
    <th>Header 2</th>
  </tr>
  <tr>
    <td>row 1, cell 1</td>
<td>row 1, cell 2</td>
  </tr>
<tr>
    <td>row 2, cell 1</td>
    <td>row 2, cell 2</td>
  </tr>
</table>
```

在浏览器中的显示效果如图 1-4 所示。

Header 1	Header 2
row 1, cell 1	row 1, cell 2
row 2, cell 1	row 2, cell 2

图 1-4　带表头边框的表格定义在浏览器中的显示效果

项目操作视频

项目实施

1. 创建新闻首页和二级页面

（1）在文件夹 News 中，创建新闻首页 news.html，以及两个新闻分类列表页面 china.html 和 world.html。

（2）将 news.html 文件中 <title> 标签的内容修改为"新闻"，添加网站标题。

实现代码如下：

```
<!DOCTYPE html>
<html>
<head>
    <meta charset="utf-8">
    <title> 新闻 </title>
</head>
<body>
    <h1> 这是一个新闻网站 </h1>
</body>
</html>
```

2. 添加新闻页面内容

（1）创建 news.html 主体表格。

实现代码如下：

```
<table border="1">
   <tr><!——表格的一行——>
      <td><!——一行中的单元格——>
         <h3><a href="china.html"> 奥运新闻: </a></h3>
      </td>
      <td>
         <h3> 热点要闻: </h3>
      </td>
   </tr>
   <tr>
      <td>
```

```
            <h3><a href="world.html">足球新闻: </a></h3>
        </td>
        <td>
            <h3>焦点新闻: </h3>
        </td>
    </tr>
</table>
```

（2）创建 news.html 嵌套表格，在 <td> 标签中嵌套另一个表格。

实现代码如下：

```
<td>
    <h3>热点要闻: </h3>
    <table border="1">
        <tr>
            <td>巴赫宣布东京奥运会闭幕  三年后巴黎再相聚</td>
        </tr>
        <tr>
            <td>8 月 8 日第 88 枚奖牌！中国在东京创境外最佳战绩</td>
        </tr>
    </table>
</td>
```

新闻网站页面的显示效果如图 1-5 所示。

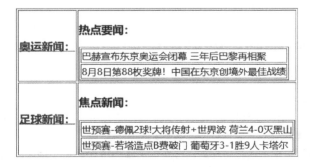

图 1-5 新闻网站页面的显示效果

3.添加二级页面内容

对于二级页面内容表格，以 china.html 为例，页面分为 4 个部分：上面是标题；中间是锚点链接，可以定位到新闻的不同板块；下面是新闻详细内容；底部是一个"回到顶部"的锚点。

实现代码如下：

```html
<!DOCTYPE html>
<html>
<head>
   <meta charset="utf-8">
   <title> 新闻 </title>
</head>
<body>
   <h1 id="top"> 这是一个新闻网站 </h1>
   <!——中间的锚点链接，利用 a 链接的 href 属性定位到 id=hubei 的元素——>
   <table border="1">
       <tr>
           <td><a href="#hubei"> 奥运新闻 </a></td>
           <td><a href="#wuhan"> 残奥新闻 </a></td>
       </tr>
   </table>
   <!——新闻内容使用 table 表格布局，使用文本标签 h2 显示新闻的标题，使用 span 标签
显示时间，使用 p 标签展示正文部分，使用 img 展示图像——>
   <table border="1" id="hubei">
       <tr>
           <td><h2> 奥运新闻 </h2></td>
       </tr>
       <tr>
           <td><span>2019/07/25</span></td>
       </tr>
       <tr>
           <td>
               <p> 奥运报讯 <br/> 北京时间 8 月 8 日晚 19 点，在结束 17 天的全部比赛
争夺后，2020 年东京奥运会在东京新国立竞技场正式闭幕。以"Worlds we share（我们共享的
世界）"为主题的 2020 东京奥运会闭幕式，与现场来自 206 个国家（地区以及难民）代表一同见证
了东京奥运会的圆满落幕。</p>
               <img src="img1.jpg" alt=""><br/>
```

```
                    <img src="img2.jpg" alt="">
            </td>
        </tr>
    </table>
    <table border="1" id="wuhan">
        <tr>
            <td><h2>残奥新闻 </h2></td>
        </tr>
        <tr>
            <td><span>2019/07/25</span></td>
        </tr>
        <tr>
            <td>
                <p>残奥日报讯 <br/> 东京奥运最后一个比赛日，李倩在女子拳击 75 公斤
级比赛中再夺一枚银牌，中国代表团在东京奥运的最终成绩为 38 金 32 银 18 铜共 88 枚奖牌，创造
境外参加奥运的最好成绩。8 月 8 日 88 枚奖牌，中国代表团在东京一 "发" 到底。</p>
                <img src="img1.jpg" alt=""><br/>
                <img src="img2.jpg" alt="">
            </td>
        </tr>
    </table>

    <!—— 回到顶部的锚点链接 ——>
    <a href="#top"> 回到顶部 </a>
</body>
</html>
```

新闻锚点链接的显示效果如图 1-6 所示。

图 1-6　新闻锚点链接的显示效果

新闻图文内容的显示效果如图 1-7 所示。

图 1-7　新闻图文内容的显示效果

"回到顶部"锚点链接的显示效果如图 1-8 所示。

图 1-8　"回到顶部"锚点链接的显示效果

4. 实现页面跳转功能

由 news.html 跳转到 china.html，实现代码如下：

```
<h3><a href="china.html">奥运新闻：</a></h3>
```

由 news.html 跳转到 world.html，实现代码如下：

```
<h3><a href="world.html">足球新闻：</a></h3>
```

项目拓展

在本项目基础上使用标签属性，美化并且充实页面主体内容，使页面内容更加饱满与美观。

项目**2**

制作购物网站

项目教学 PPT

 项目情景

随着电子商务热潮的不断推进，越来越多的企业开始通过企业网站进行网络销售。本项目是设计一个提供购物信息的网站，让用户随时随地查看相关的商品信息。

项目分析

制作购物网站首页，页面包括页头、正文、侧边栏和页脚 4 个部分。页面各部分分别包括如下内容。

（1）页头：包括一个商品分类导航栏。

（2）正文：包括广告大图和新品列表。

（3）侧边栏：包括商品销量排行列表和促销商品列表。

（4）页脚：包括版权声明信息和"返回顶部"链接。

购物网站首页效果如图 2-1 所示。

图 2-1　购物网站首页效果

 **学习目标**

（一）知识目标

（1）掌握 CSS 样式规则；

（2）理解文本样式属性。

（二）技能目标

（1）能够书写规范的 CSS 样式代码；

（2）能够运用 CSS3 控制页面中的文本样式。

（三）素质目标

（1）具备 Web 前端网页美化意识；

（2）初步认知精益求精的工匠精神的内涵。

知识准备

1. CSS 简介

1）CSS

CSS（Cascading Style Sheets）中文名为级联样式单，也称为样式层叠表，它是一种表现语言，是对网页结构语言的补充。

CSS 主要用于网页的风格设计，包括字体、颜色、位置等方面的设计，在 HTML 网页中加入 CSS，可以使网页展现更丰富的内容。CSS 节省了大量工作，它可以同时控制多张网页的布局，外部样式表存储在 CSS 文件中。

2）CSS 文件的引入方式

CSS 样式单可以增强 HTML 文件的显示效果，在 HTML 文件中引入 CSS 样式单，可以通过以下四种方式实现。

（1）引入外部样式文件。

在 HTML 文件的 <head> 标签中，通过 <link> 元素引入外部样式文件，外部样式文件通常是以 ".css" 为后缀名的文件，这种引入方式的优点是样式文件与 HTML 文档分离，一种样式文件可以适用于多个 HTML 文件，重用性比较好。

引入外部样式文件的语法格式如下：

```
<link type="text/css" rel="stylesheet" href="css 样式文件的 URL" />
```

（2）导入外部样式文件。

在 HTML 文件的 <head> 标签中，通过 <style> 标签并使用 @import 导入外部样式文件，效果与引入外部样式文件相同。

导入外部样式文件的语法格式如下：

```
<style type="text/css">
  @import "css 样式文件的 URL"
</style>
```

引入外部样式文件和导入外部样式文件的区别是：引入外部样式文件是在 HTML 文件加载前就引用，而导入外部样式文件是在 HTML 文件加载后才引用。

（3）使用内部样式定义。

在 HTML 文件的 <head> 标签中，直接将 CSS 样式单写在 <style> 标签中作为元素的内容。这种写法重用性差，有时会导致 HTML 文档过大，当重复的代码不在同一个 HTML 文件中存在时，必然导致大量的重复下载。若希望某些 CSS 仅对某个页面有效，通常会采用这种方式。

使用内部样式定义的语法格式如下：

```
<style   type="text/css">
  div{
  background-color:#336699;
    width:400px;
    Height:400px;
}
</style>
```

（4）使用内联样式。

将 CSS 样式单写到元素的通用属性 style 中，这种方式只对单个元素有效，不会影响整个文件，可以精准地控制 HTML 文档的显示效果。

比如在 div 标签中添加样式，语法格式如下：

```
<div style="color:red;background-color:blue;font-size:20px;">
内联样式
</div>
```

2. CSS 语法

CSS 语法的格式如下：

```
Selector{property1:value1;property2:value2;property3:value3;...}
选择器 { 属性 1：属性值 1；属性 2：属性值 2；属性 3：属性值 3；...}
```

"selector" 被称为选择器，选择器决定了样式定义的哪些元素生效。

"property1:value1；" 被称为样式，每一条样式都决定了目标元素将会发生的变化．样式在实际编写中有以下几点需要注意：

（1）一般来说，一行定义一条样式，每条末尾都需要加上分号。

（2）CSS 对大小写不敏感，但在实际编写中，推荐属性名和属性值都用小写。但存在例外情况，如果涉及与 HTML 文档一起工作，那么 class 和 ID 名称对大小写是敏感的，正因如此，W3C 推荐 HTML 文档中用小写输入命令。

3. CSS 选择器

CSS 选择器用于指明样式应用于网页中的哪些元素。一个选择器中可能会出现多个元素，但生效的只会是多个元素中的一个，其他元素和符号都可以视为条件。

1）基础选择器

（1）通配符选择器。

通配符选择器是一种简单选择器，用 "*" 表示，一般称之为通配符，表示对任意元素都有效。

通配符选择器的语法格式如下：

```
*{ 属性名：属性值；...}
```

示例如下：

```
*{color:red;font-size:25px;}
```
// 这句代码表示设置所有的标签字体颜色为红色，字体大小为 25px；px 表示像素，css 样式单位。

（2）元素选择器。

元素选择器，也称标签选择器，是最简单的选择器之一。元素选择器通常是某个 HTML 元素，如 p、h1、em、a，甚至可以是 HTML 本身。

元素选择器的语法格式如下：

```
元素 { 属性名：属性值；...}
```

示例如下：

```
<!DOCTYPE html>
<html lang="en">
<head>
    <meta charset="UTF-8">
    <meta http-equiv="X-UA-Compatible" content="IE=edge">
    <meta name="viewport" content="width=device-width, initial-scale=1.0">
    <title>Document</title>
    <style>
        p{
            color: red;
            background-color: yellow;
        }/*表示设置所有的 p 标签字体颜色为红色，背景为黄色。*/
    </style>
</head>
<body>
    <p> 段落标签 </p>
    <div>
        <p>div 下面的 p 标签 </p>
    </div>
</body>
</html>
```

（3）id 选择器。

id 选择器可以为标有特定 id 值的 HTML 元素指定样式。

id 选择器的语法格式如下：

```
#id 值 { 属性名：属性值；...}
```

比如标签"<p id="box"></p>"，# 号为 id 的选择器，box 为 id 的值，通过 id 选择器选择到该标签时，写成 #box 便可以选择到标签。

示例如下：

```
<!DOCTYPE html>
<html lang="en">
<head>
    <meta charset="UTF-8">
    <meta http-equiv="X-UA-Compatible" content="IE=edge">
    <meta name="viewport" content="width=device-width, initial-scale=1.0">
    <title>Document</title>
    <style>
        p{
            color: red;
            background-color: yellow;
        }
        #box {
            /* 设置 id 为 box，标签字体颜色为 blue */
            color: blue;
        }
    </style>
</head>
<body>
    <p> 段落标签 </p>
    <div>
        <p id="box">div 下面的 p 标签 </p>
    </div>
</body>
</html>
```

id 值的命名规则：

● 严格来讲，在一个 HTML 文档中，id 值是唯一的，因为如果有两个相同的 id 值，JavaScript 只会获取第一个具有该 id 值的元素。

● id 值通常是以字母开始的，中间可以出现数字、"-"和"_"等。如果用数字开头，某些 XML 解析器会出现问题，id 值不能出现空格，因为在 JavaScript 中不是一个合法的变量名。

● name、class 等属性值的书写规范也和 id 值一样，不同的是它们不具备唯一性。

（4）类选择器。

类选择器可以为指定的 class 的 HTML 元素指定样式。

类选择器的语法格式如下：

```
.class 值 {property1: value; ...}
```

比如标签"<p class="box"></p>"，"."号为 class 的选择器，box 为 class 的值，通过 class 选择器选择到该标签时，写成 .box 便可以选择到标签。

class 值除了不具备唯一性，其他规则与 id 值相同。

示例如下：

```
<!DOCTYPE html>
<html lang="en">
<head>
    <meta charset="UTF-8">
    <meta http-equiv="X-UA-Compatible" content="IE=edge">
    <meta name="viewport" content="width=device-width, initial-scale=1.0">
    <title>Document</title>
    <style>
        p{
            color: red;
            background-color: yellow;
        }
        .box {
            /* 设置 class 为 box，所有标签字体颜色为 blue */
            color: blue;
        }
```

```
    </style>
</head>
<body>
    <p class="box">段落标签 </p>
    <div>
        <p class="box">div 下面的p 标签 </p>
    </div>
</body>
</html>
```

（5）属性选择器。

对带有指定属性的 HTML 元素设置样式，从广义的角度来看，元素选择器是属性选择器的特例，是一种忽视指定 HTML 元素的属性选择器。

属性选择器的一般语法格式如下：

```
元素 [ 属性 ]{ 属性名：属性值；...}
```

注：使用属性选择器的时候需要用方括号括起来，表示这是一个属性选择器。属性选择器有 4 种语法格式，如表 2-1 所示。

表 2-1　属性选择器的语法格式

语法格式	描述
元素 [属性]	用于选取带有指定属性的元素
元素 [属性 = 属性值]	用于选取带有指定属性和指定值的元素
元素 [属性 ~= 属性值]	用于选取属性值中包含指定值的元素，该值必须是整个单词，可以前后有空格
元素 [属性 |= 属性值]	用于选取带有以指定值开头的属性的元素，该值必须是整个单词或者后面跟着连字符 "-"

示例如下：

```
<!DOCTYPE html>
<html lang="en">
<head>
    <meta charset="UTF-8">
    <meta http-equiv="X-UA-Compatible" content="IE=edge">
```

```
<meta name="viewport" content="width=device-width, initial-scale=1.0">
<title>Document</title>
<style>
    p[name]{
        /* 选择带有 name 属性的 p 标签 */
        color: red;
        background-color: yellow;
    }
    p[name="title"]{
        /* 选择 name 属性值为 title 的 p 标签 */
        color: blue;
    }
    p[name~="tle"]{
        /* 选择 name 属性值中有 tle 的 p 标签 */
        font-size: 25px;
    }
    p[name|="tle"]{
        /* 选择 name 属性值开头为 tle 的 p 标签 */
        font-size: 12px;
    }
</style>
</head>
<body>
    <p class="box" name="a">段落标签 1</p>
    <p  name="title tle">段落标签 2</p>
    <p  name="tle title ">段落标签 3</p>
    <p  name="tle">段落标签 4</p>
    <p  name="tle-1">段落标签 5</p>
</body>
</html>
```

2）复合选择器

（1）交集选择器。

交集选择器，使用多个选择器选择到某一个标签，只有满足全部选择器的标签才会被选择到，选择器和选择器之间没有任何的连接符号。比如"p#box.box"选择到的是 id 为 box、class 为 box 的 p 标签，必须满足这个三个条件，不是 p 标签或者 id 不是 box 或者 class 不是 box 都不会被选择到。

示例如下：

```
<!DOCTYPE html>
<html lang="en">
<head>
    <meta charset="UTF-8">
    <meta http-equiv="X-UA-Compatible" content="IE=edge">
    <meta name="viewport" content="width=device-width, initial-scale=1.0">
    <title>Document</title>
    <style>
        p#box.box{
            /* 选择到 id 为 box，class 为 box 的 p 标签 */
            color: red;
        }
    </style>
</head>
<body>
    <p id="box" class="box" name="a">段落标签 1</p>
    <div id="box" class="box tle">段落标签 2</div>
    <p  class="box title ">段落标签 3</p>
    <p  class="box">段落标签 4</p>
    <p  class="box">段落标签 5</p>
</body>
</html>
```

（2）并集选择器。

并集选择器，使用多个选择器选择到多个标签，只要满足任何一个选择器选择条件的标签都会被选择到，选择器和选择器之间使用 "，" 连接符号。比如 "**p,box,box**"，选择到的是 id 为 box 或者 class 为 box 或者 p 标签，只要满足任何一个条件，样式都会生效。

示例如下：

```
<!DOCTYPE html>
<html lang="en">
<head>
    <meta charset="UTF-8">
    <meta http-equiv="X-UA-Compatible" content="IE=edge">
```

```
    <meta name="viewport" content="width=device-width, initial-scale=1.0">
    <title>Document</title>
    <style>
        p,#box,.box{
            /* 选择 id 为 box 或者 class 为 box 或者 p 标签 */
            color: red;
        }
    </style>
</head>
<body>
    <p id="box">段落标签 1</p>
    <div id="box">div 标签 </div>
    <h1 class="box"> 标题标签 </h1>
    <p> 段落标签 5</p>
</body>
</html>
```

（3）后代选择器。

后代选择器，如果标签内部还有一个标签，内部的标签里面又有标签时，选择到该标签内部的某一个标签时，就使用后代选择器。

示例如下：

```
<div class="box">
<p><span></span></p>
<span></span>
</div>
```

我们使用选择器 ".box span{}" 时，选择到的是 class 为 box 的标签下的所有 span 标签，选择后代用空格隔开，这是我们最常用的选择器之一。

```
示例代码:
<!DOCTYPE html>
<html lang="en">
<head>
```

```
<meta charset="UTF-8">
<meta http-equiv="X-UA-Compatible" content="IE=edge">
<meta name="viewport" content="width=device-width, initial-scale=1.0">
<title>Document</title>
<style>
    .box span{
        /* 选择 class 为 box 的标签下的所有 span 标签 */
        color: red;
    }
</style>
</head>
<body>
    <div class="box">
            父级
            <p> <span>p 标签下面的 span 标签 </span></p>
            <span> 父级标签下面的 span 标签 </span>
    </div>
</body>
</html>
```

（4）子代选择器。

子代选择器，选择标签内部直接包含的标签，如果内部标签又包含有其他标签时，也
不会被选择到。

示例如下：

```
<div class="box">
    <p><span></span></p>
    <span></span>
</div>
```

使用选择器 .box>span{} 时，选择到的是 class 为 box 的标签下的所有子集 span 标签，
选择子集用 "＞" 隔开。

示例如下：

```html
<!DOCTYPE html>
<html lang="en">
<head>
    <meta charset="UTF-8">
    <meta http-equiv="X-UA-Compatible" content="IE=edge">
    <meta name="viewport" content="width=device-width, initial-scale=1.0">
    <title>Document</title>
    <style>
        .box>span{
            /* 选择 class 为 box 的标签下的 span 标签 */
            color: red;
        }
    </style>
</head>
<body>
    <div class="box">
        父级
        <p> <span> 后代标签 </span></p>
        <span> 子集标签 </span>
    </div>
</body>
</html>
```

（5）兄弟选择器。

兄弟选择器，选择到和自己同级且在自己之后的标签。

兄弟选择器有以下两种方式：

● 使用 " + " 号时，选择到的是和自己临近的兄弟标签；

● 使用 " ~ " 号时，选择到的是所有的兄弟标签。

示例如下：

```html
<!DOCTYPE html>
<html lang="en">
<head>
    <meta charset="UTF-8">
    <meta http-equiv="X-UA-Compatible" content="IE=edge">
    <meta name="viewport" content="width=device-width, initial-scale=1.0">
```

```
<title>Document</title>
<style>
    .box>.box+p{
        /* 选择到子集 3 标签 */
        color: red;
    }
    .box>.box~p{
        /* 选择到子集 3, 子集 4 标签 */
        color: red;
    }

</style>
</head>
<body>
    <div class="box">
        父级
        <p> 子集 1</p>
        <p class="box"> 子集 2</p>
        <p> 子集 3</p>
        <p> 子集 4</p>
    </div>
</body>
</html>
```

3）伪类选择器

伪类选择器是指那些处在特殊状态的元素，伪类名可以单独使用，泛指所有的元素，也可以和元素名称连起来使用，特指某类元素，伪类以冒号（:）开头，元素选择器和冒号之间不能有空格。伪类名中间也不能有空格。常用的伪类标签如表 2-2 所示。

表 2-2　常用的伪类标签

标签名	描述
:hover	把鼠标悬停在元素上面的样式
:first-child	伪类与指定的元素匹配，该元素是另一个元素的第一个子元素
:first-of-type	选择到父元素下的第一个元素
:focus	选择获得焦点的 <input> 元素
元素 [属性 ∼＝ 属性值]	选择作为其父元素的最后一个子元素的每个 <p> 元素

标签名	描述
:last-child	选择作为其父元素的最后一个子元素的每个 <p> 元素
:last-of-type	选择作为其父元素的最后一个 <p> 元素的每个 <p> 元素
:nth-child(n)	选择作为其父元素的第二个子元素的每个 <p> 元素
:link	超级链接 <a> 标签未访问链接
:visited	超级链接 <a> 标签已访问链接
:active	鼠标点击超级链接 <a> 标签，未松手时

4）伪元素选择器

伪元素是指那些元素中特别的内容，与伪类不同的是，伪元素表示的是元素内部的内容，逻辑上是存在的，但在文档数中，并不存在与之对应关联的部分。伪元素选择器的格式与伪类选择器一致，为了区分伪类和伪元素，通常伪元素中会用两个冒号"::"。常用的伪元素标签如表 2-3 所示。

表 2-3　常用的伪元素标签

标签名	描述
::after	例如 p::after，在每个 <p> 元素之后插入内容
::before	例如 p::before，在每个 <p> 元素之前插入内容
::first-letter	例如 p::first-letter，选择每个 <p> 元素的首字母
::first-line	例如 p::first-line，选择每个 <p> 元素的首行

4. CSS 常用样式

1）CSS 字体属性

HTML 文档最核心的内容还是以文本内容为主，CSS 也为 HTML 文字设置了字体属性，不仅可以更换不同的字体，还可以设置文字的风格等。

（1）font-family 属性。

font-family 属性用于设置元素的字体，该元素属性值一般可以设置为多个字体，如果浏览器不支持第一个，则会尝试下一个，可以理解成它是用于设置元素字体的优先级列表，浏览器会使用该列表中第一个可用的字体，如果字符出现了空格，则需要用引号将其括起来。

（2）font-size 属性。

font-size 属性用于设置字体尺寸，实际上它设置的是字体中字符框的高度，实际的字符字形可能比这些框要高或者低。font-size 属性的"值"及含义描述如表 2-4 所示。

表 2-4 font-size 属性的"值"及含义描述

值	含义描述
绝对大小	将字体设置为不同的尺寸，默认值为 medium，取值范围从 XX-small 到 XX-large，分别是 XX-small、X-small、small、medium、large、X-large、XX-large
相对大小	设置的尺寸是相对于父元素而言的，取值为 smaller 或者 larger
长度	设置成一个固定的值
百分比	设置的尺寸是一个基于父元素的百分比

（3）font-style 属性。

font-style 属性用于设置字体是否是斜体。font-style 属性的"值"及含义描述如表 2-5 所示。

表 2-5 font-style 属性的"值"及含义描述

值	含义描述
normal	默认效果，显示效果为标准效果
italic	显示为斜体的样式
oblique	显示为斜体的样式

italic 和 oblique 显示效果一样，主要区别是有些字体只有设置 oblique 才能显示斜体，有些字体只有设置 italic 才能显示斜体。

（4）font-variant 属性。

font-variant 属性用于设置字母为小写字体，默认为 normal，一旦设置为 small-caps，这将意味着所有的小写字母都会被转换为大写，但是所有使用小型大写字体的字母与其余文本相比，其字体尺寸更小。

（5）font-weight 属性。

font-weight 属性用于设置字体的粗细，默认值为 normal，等同于 400，显示为正常粗细。通常字体的 font-weight 属性设置为 bold，等同于 700；bolder 是更粗的字体，lighter 是更细的字体。

（6）font 属性。

font 是一个简写属性，可以在一个样式中将 font-family、font-size、font-style、font-variant、font-weight 全部设置，也可以省略其中的某几项。将这几项的属性值直接用空格拼接，作为 font 的属性值即可。还可以直接设置为 inherit，表示从父元素继承属性。

2）CSS 文本属性

（1）color 属性。

color 属性用于设置文本的颜色，可以直接取颜色名，比如 yellow、blue、red 等，也可以直接输入十六进制颜色值，还可以输入 RGB 函数值。

（2）letter-spacing 属性。

letter-spacing 属性用于设置字符间隔的大小，默认值为 normal，可以设置数字，正数间距变大，负数间距减小，字符甚至会挤在一起，如果设置为 0，则等同于 normal。

（3）line-height 属性。

line-height 属性用于设置行高。line-height 属性的"值"及含义描述如表 2-6 所示。

表 2-6　line-height 属性的"值"及含义描述

值	含义描述
normal	默认值，显示为合理的行间距
number	数字，可以是小数，次数字会与当前字体尺寸相乘设置行间距
长度	设置固定的行间距
百分比	基于用当前字体尺寸的百分比设置行间距
inherit	从父元素继承 line-hight 设置

（4）text-align 属性。

text-align 属性用于设置元素中文本的水平对齐方式。text-align 属性的"值"及含义描述如表 2-7 所示。

表 2-7　text-align 属性的"值"及含义描述

值	含义描述
left	左对齐
right	右对齐
center	居中

（5）text-decoration 属性。

text-decoration 属性用于为文本添加装饰。text-decoration 属性的"值"及含义描述如表 2-8 所示。

表 2-8　text-decoration 属性的"值"及含义描述

值	含义描述
underline	添加下划线
overline	添加上划线
lin-throught	添加删除线
blink	添加闪烁线，支持性能比较差，不建议使用
none	默认值，无任何线条

（6）text-shadow 属性。

text-shadow 属性用于设置文本的阴影，普通文本默认是没有阴影的，一条阴影的属性值有 4 个，如表 2-9 所示。

表 2-9　text-shadow 属性的"值"及含义描述

值	含义描述
x-position	表示阴影在 x 轴方向上偏移的距离。可以为负数，负数表示左偏移，必须设置项
y-position	表示阴影在 y 轴方向上偏移的距离，负数表示上偏移，必须设置项
blur	表示向周围模糊的程度，模糊的距离越大，模糊的程度也就越大
color	表示阴影的颜色

3）CSS 尺寸属性

通过 CSS 尺寸属性可以控制每个元素的大小，包含宽度、最小宽度、最大宽度、高度、最小高度和最大高度等。CSS 尺寸属性如表 2-10 所示。

表 2-10　CSS 尺寸属性

属性名	描述
width	用于设置元素的宽度，属性值有 auto、长度、百分比、inherit，不能继承，设置元素的属性值都不能继承
min- width	用于设置元素的最小宽度，属性值有长度、百分比、inherit
max- width	用于设置元素的最大宽度，属性值有长度、百分比、inherit
height	用于设置元素的高度，属性值有 auto、长度、百分比、inherit
min-height	用于设置元素的最小高度，属性值有长度、百分比、inherit

4）CSS 列表属性

CSS 列表属性用于改变列表项标记，也可以用图像作为列表的标记。

（1）list-style-image 和 list-style-position 属性。

list-style-image 属性用于指定一个图像作为列表项的标记，图像相对于列表项内容的放置位置通常使用 list-style-position 属性控制。list-style-image 属性的默认值为 none，可以使用 URL 指定一个图像作为标记。

list-style-position 属性用于设置在何处放置列表项标记，默认值为 outside，表示保持标记位于文本的左侧，列表项标记放置在文本以外，且环绕文本根据标记对齐；也可以设置为 inside，表示使列表项标记放置在文本以内，且环绕文本根据标记对齐。

（2）list-style-type 属性。

list-style-type 属性可以设置标记的类型，默认值为 disc。常用的属性"值"及含义描述如表 2-11 所示。

表 2-11　list-style-type 属性的"值"及含义描述

值	含义描述
disc	实心圆
circle	空心圆
square	方块
decimal	数字
low-roman	小写罗马数字
upper-roman	大写罗马数字
low-alpha	小写字母
upper-alpha	大写字母
none	无标记
inherit	继承父元素的该属性

（3）list-style 属性。

list-stye 是一个简写的属性，可以在一个样式中将 list-style-image、list-style-position、list-style-type 全部设置，也可以省略其中的某几项，将这几项值用空格隔开，作为 list-style 的属性即可。

5）CSS 背景属性

CSS 允许任何元素添加纯色作为背景，也允许使用图像作为背景，并且可以精准地控制背景图像，以达到精美的效果。

（1）background-color 属性。

background-color 属性用于设置背景颜色，初始值为 transparent 透明色，既可以用 inherit 从父元素继承 background-color 属性设置，也可以直接选取想要的颜色，颜色取值有以下 3 种方法。

● 颜色名，CSS 颜色规范中定义了 147 种颜色名，其中有 17 种标准颜色和 130 种其他颜色，常用标准颜色有 black（黑色）、blue（蓝色）、gray（灰色）、red（红色）……

● 十六进制颜色，每种颜色可以被解释为十六进制颜色，十六进制颜色写为 #rrggbb，rr 为红色，gg 为绿色，bb 为蓝色，红黄蓝被称为计算机三原光色，又通过三种颜色混合出所有颜色。

● rgb 函数，rgb 函数 rgb（red，green，blue）中规定，red、green、blue 定义了颜色的强度，可以是 0～255，也可以是 0～100%。

（2）background-attachment 属性。

background-arrachment 属性用于设置背景图像是否固定或者随着页面的其余部分滚动。background-attachment 属性的"值"及含义描述如表 2-12 所示。

表 2-12　background-attachment 属性的"值"及含义描述

值	含义描述
scroll	初始值，表示背景图像会随着页面其余部分而滚动
fixed	表示当页面其余部分滚动时，背景图像不会滚动
inherit	表示继承父元素的 background-attachment 属性设置

（3）background-image 和 background-repeat 属性。

background-image 属性用于设置元素的背景图像。其默认值为 none，不显示背景图像。如果设置了图像的 URL，则会从元素左上角开始放置背景图片，并沿着 x 轴和 y 轴平铺，占满元素的全部尺寸，通常需要配合 background-repea 属性控制图片平铺。

background-repeat 属性默认值为 repeat，即图片沿着 x 轴和 y 轴平铺，还可以指定沿着 x 轴平铺（repeat-x），沿着 y 轴平铺（repeat-y）或者不平铺（no-repeat）；设置为 inherit，表示继承父元素该属性设置。

（4）background-positon 属性。

background-position 属性用于设置背景图像原点的位置。ackground-position 属性有两个参数，第一个参数用于横坐标，第二个参数用于纵坐标，默认值为 0% 0%，即背景图像的左上角与对象背景区域的左上角对齐。如果只提供一个值，则用于 x 轴方向，y 轴方向使用默认值 center，即垂直居中。

背景图像有以下 3 种定位方式。

● 位置参数：x 轴有 3 个参数，分别是 left、center、right。y 轴同样有 3 个参数，分别为 top、center、bottom。通常 x 轴和 y 轴参数各取一个组成属性值，如 left bottom，表示左下角，right top 表示右上角，如果只给定一个值，另一个默认为 center。

● 百分比：格式为 x% y%，第一个值表示 x 轴位置，第二个值表示 y 轴位置。

● 长度：格式为 xpos ypos，第一个值表示 x 轴离原点的长度，第二个值表示 y 轴离原点的长度，其单位可以是 px 等长度单位，也可以与百分比混合使用。

（5）background 属性。

background 是一个简写的属性，可以在一个样式中将 background-color、background-position、background-attachment、background-repeat 和 background-image 全部设置，也可以省略其中某几项，将这几项属性直接用空格拼接，作为 background 的属性值即可。还可以直接设置为 inherit，表示从父级继承该属性设置。

6）CSS 盒模型

CSS 盒模型，又称为框模型（box model），包含元素内容（content）、内边距（padding）、边框（border）和外边距（margin）等要素。CSS 盒模型结构如图 2-2 所示。

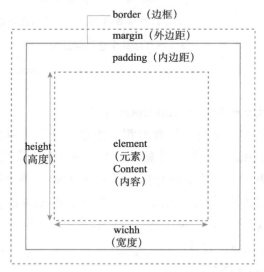

图 2-2　CSS 盒模型结构

（1）CSS 内边距属性。

控制该区域最简单的属性是 padding，按照上下左右的顺序定义，也可以以省略方式定义，还可以通过 padding-top、padding-bottom、padding-left 和 padding-right 精准控制内边距。

其中，属性值可以是自动（auto）、长度（可以使用负数）、百分比（相对于父元素宽度的比例）。padding 属性的"值"及含义描述如表 2-13 所示。

表 2-13　padding 属性的"值"及含义描述

值	含义描述
padding-top	定义元素的上内边距，即内容距离上边框线的距离
padding-right	定义元素的右内边距，即内容距离右边框线的距离
padding-bottom	定义元素的下内边距，即内容距离下边框线的距离
padding-top	定义元素的左内边距，即内容距离左边框线的距离

（2）CSS 外边距属性。

元素外边框是围绕在元素边框和元素内容之间的距离。设置外边距会在元素外创建额外的空白。控制该区域最简单的属性是 margin，按照上下左右的顺序定义，也可以以省略方式定义，还可以通过 margin-top、margin-bottom、margin-left、margin-right 精准控制外边距。

其中，属性值可以是自动（auto）、长度（可以使用负数）、百分比（相对于父元素宽度的比例）。margin 属性的"值"及含义描述如表 2-14 所示。

表 2-14　margin 属性的"值"及含义描述

值	含义描述
margin-top	定义元素的上外边距
margin-right	定义元素的右外边距
margin-bottom	定义元素的下外边距
margin-top	定义元素的左外边距

7）CSS 常用样式

（1）display 属性。

display 属性规定元素应该生成的框的类型。这个属性用于定义建立布局时，元素生成的显示框类型。对于 HTML 等文档类型，如果使用 display 属性不谨慎会很危险，因为可能违反 HTML 中已经定义的显示层次结构。对于 XML，由于 XML 没有内置的这种层次结构，所以 display 属性是绝对必要的。display 属性参数的"值"及含义描述如表 2-15 所示。

表 2-15　display 属性的"值"及含义描述

值	含义描述
none	表示此元素不会被显示
block	表示此元素将显示为块级元素，此元素前后会带有换行符
inline	默认值，表示此元素会被显示为内联元素，元素前后没有换行符
inline-block	表示行内块元素（CSS2.1 版本新增的值）
list-item	表示此元素会作为列表显示
run-in	表示此元素会根据上下文作为块级元素或内联元素显示
table	表示此元素会作为块级表格来显示（类似 <table>），表格前后带有换行符
inline-table	表示此元素会作为内联表格来显示（类似 <table>），表格前后没有换行符
table-row-group	表示此元素会作为一个或多个行的分组来显示（类似 <tbody>）
table-header-group	表示此元素会作为一个或多个行的分组来显示（类似 <thead>）
table-footer-group	表示此元素会作为一个或多个行的分组来显示（类似 <tfoot>）
table-row	表示此元素会作为一个表格行显示（类似 <tr>）
table-column-group	表示此元素会作为一个或多个列的分组来显示（类似 <colgroup>）
table-column	表示此元素会作为一个单元格列显示（类似 <col>）
table-cell	表示此元素会作为一个表格单元格显示（类似 <td> 和 <th>）
table-caption	表示此元素会作为一个表格标题显示（类似 <caption>）
inherit	规定应该从父元素继承 display 属性的值

（2）float 属性。

float 属性用于定义元素在哪个方向上浮动。以往这个属性总应用于图像，使文本围绕在图像周围，不过在 CSS 中，任何元素都可以浮动。浮动元素会生成一个块级框，而不论它本身是何种元素。

如果浮动非替换元素，则要指定一个明确的宽度；否则，它们会尽可能地窄。float 属性的"值"及含义描述如表 2-16 所示。

表 2-16　float 属性的"值"及含义描述

值	含义描述
left	表示元素向左浮动
right	表示元素向右浮动
none	默认值。表示元素不浮动，并会显示在其在文本中出现的位置
inherit	规定应该从父元素继承 float 属性的值

（3）overflow 属性。

overflow 属性规定当内容溢出元素框时发生的事情。这个属性定义溢出元素内容区的内容会如何处理。如果值为 scroll，不论是否需要，用户代理都会提供一种滚动机制。因此，有可能即使元素框中可以放下所有内容也会出现滚动条。overflow 属性的"值"及含义描述如表 2-17 所示。

表 2-17　overflow 属性的"值"及含义描述

值	含义描述
visible	默认值。表示内容不会被修剪，会呈现在元素框之外
hidden	表示内容会被修剪，并且其余内容是不可见的
scroll	表示内容会被修剪，但是浏览器会显示滚动条以便查看其余的内容
auto	如果内容被修剪，则浏览器会显示滚动条以便查看其余的内容
inherit	规定应该从父元素继承 overflow 属性设置

（4）position 属性。

position 属性规定元素的定位类型。这个属性定义建立了元素布局所用的定位机制。任何元素都可以定位，不过绝对或固定元素会生成一个块级框，而不论该元素本身是什么类型。定位元素会在其父元素中的默认位置产生偏移。

position 属性的"值"及含义描述如表 2-18 所示。

表 2-18　position 属性的"值"及含义描述

值	含义描述
absolute	表示生成绝对定位的元素，相对于 static 定位以外的第一个父元素进行定位。元素的位置通过 left、top、right 及 bottom 属性进行规定
fixed	表示生成绝对定位的元素，相对于浏览器窗口进行定位。元素的位置通过 left、top、right 及 bottom 属性进行规定

续表

值	含义描述
relative	表示生成相对定位的元素，相对于其正常位置进行定位。因此，left:20 会向元素的 left 位置添加 20 像素
static	默认值。表示没有定位，元素出现在正常的流中（忽略 top、bottom、left、right 或者 z-index 声明）
inherit	规定应该从父元素继承 position 属性设置

 项目实施

项目操作视频

1. 创建文件

（1）创建 index.html 文件，作为首页。

实现代码如下：

```
<!DOCTYPE html>
<html>
<head>
    <meta charset="utf-8">
    <title>购物世界</title>
</head>
<body>
</body>
</html>
```

（2）创建 style.css 文件，作为样式表，将文件另存为 style.css，如图 2-3 所示。

图 2-3　文件保存页面

2. 链接到外部样式文件

（1）在 index.html 文件的 <head> 标签中用 <link> 标签引入 CSS 的外部样式链接。实现代码如下：

```
<head>
    <meta charset="utf-8">
    <title> 购物世界 </title>
    <link rel="stylesheet" type="text/css" href="style.css">
</head>
```

（2）编辑 style.css 样式，重置默认样式。

● 字体大小设为 18px。

● 内边距和外边距的默认值设为 0。

● 去除文本装饰。

实现代码如下：

```
body{
    font-size: 18px;
    margin: 0;
    padding: 0;
    text-decoration: none;
}
```

3. 导航栏样式

（1）用 <div> 标签和 <ul> 标签搭建导航栏结构，为需要独立样式的标签添加 class 属性。

实现代码如下：

```
<div id="top"><!——导航栏最外围盒子——>
    <ul class="topList"><!—— 导航项外部 ul 标签——>
        <li><a href=""> 首页 </a></li><!–每一个导航项-->
        <li><a href=""> 手机 </a></li>
        <li><a href=""> 家电 </a></li>
```

```
            <li><a href=""> 相机 </a></li>
            <li><a href=""> 电脑 </a></li>
        </ul>
    </div>
```

（2）全局 CSS 样式，用元素选择器对基础标签进行初始化定义。

实现代码如下：

```
li{
    list-style: none; /* 消除 li 标签默认样式 */
}
a{
    text-decoration: none; /* 清除超链接的默认下划线 */
}
img{
    max-width: 100%; /* 设置图片的最大宽度 */
}
```

（3）导航栏 CSS 样式，用 id 选择器、类选择器、后代选择器和子代选择器指定元素样式。

实现代码如下：

```
#top{
    padding: 20px 0;
    width: 100%;
    background-color: #222;
}
/* 使用类选择器设置导航项外部的 ul 标签的样式 */
.topList{
    display: table;
    width: 100%;
    padding: 0;
}
/* 使用后代选择器，li 标签清除列表默认样式；显示为表格单元格 */
.topList li{
```

```
    display:table-cell;
}
/* 使用子代选择器设置每个导航项的 a 标签的样式 */
.topList li > a{
    display: block;
    text-align: center;
    color: white;
}
```

导航栏 CSS 样式效果如图 2-4 所示。

图 2-4　导航栏 CSS 样式效果

4. 左边栏

（1）在正文上半部分添加广告大图，用一个 \<h2\> 标签设置图片的标题，用 \<Img\> 标签展示图片。

实现代码如下:

```
<div id="content"><!——正文部分——>
    <div class="left_side"><!——左边栏盒子——>
        <div class="top_pic"><!——海报图盒子——>
            <h2> 欢迎来到想买就买购物世界！</h2><!——图片标题——>
            <img src="img/banner1.jpg"><!——图片——>
        </div>
    </div>
</div>
```

（2）CSS 布局，设置整个正文盒子、左边栏和海报盒子样式。

实现代码如下:

```
/* 正文——商品内容 */
#content{
```

```
    width: 100%;
    margin: 10px 0 20px 0;
    overflow: hidden;
}
/* 左边栏整体盒子样式 */
.left_side{
    float: left;
    width: 68%;
    margin-left: 1.2%;
}
/* 海报图盒子样式 */
.top_pic{
    padding: 10px 60px;
    background-color: #eee;
}
```

左边栏样式效果如图 2-5 所示。

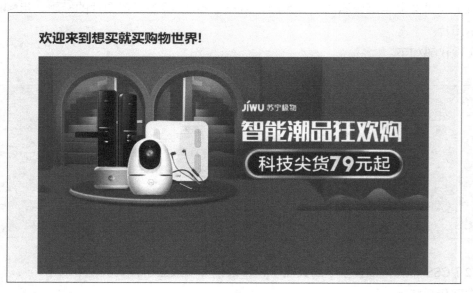

图 2-5　左边栏样式效果

（3）添加正文下半部分的"新品首发"列表，为图片外层 <div> 标签添加 id 属性。
实现代码如下：

```
<div id="products"><!——新品内容的盒子——>
    <h2>新品首发</h2>
    <div>
        <img src="img/goods2.png" alt=" 商品名称">
        <a href="#"><p> 商品名称 </p></a>
    </div>
    <div>
        <img src="img/goods3.png" alt=" 商品名称">
        <a href="#"><p> 商品名称 </p></a>
    </div>
    <div>
        <img src="img/goods4.png" alt=" 商品名称">
        <a href="#"><p> 商品名称 </p></a>
    </div>
    <div>
        <img src="img/goods5.png" alt=" 商品名称">
        <a href="#"><p> 商品名称 </p></a>
    </div>
    <div>
        <img src="img/goods6.png" alt=" 商品名称">
        <a href="#"><p> 商品名称 </p></a>
    </div>
    <div>
        <img src="img/goods7.png" alt=" 商品名称">
        <a href="#"><p> 商品名称 </p></a>
    </div>
</div>
```

（4）CSS 样式设置，用后代选择器指定元素样式。

实现代码如下：

```
#products div{
    width: 30%;
    display: inline-block;
    padding: 0 10px;
}
```

"新品首发"页面样式效果如图 2-6 所示。

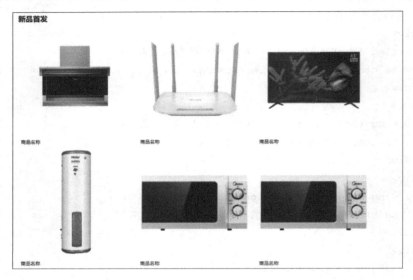

图 2-6 "新品首发"页面样式效果

5. 右边栏

（1）使用 <ul></ul> 和 <li></li> 列表标签在右边栏中添加两个列表。

实现代码如下：

```
<div id="right_side">
    <ul class="list_group">
        <li class="list_title"> 畅销排行榜 </li>
        <li class="list_item">1. 商品名称 </li>
        <li class="list_item">2. 商品名称 </li>
        <li class="list_item">3. 商品名称 </li>
        <li class="list_item">4. 商品名称 </li>
        <li class="list_item">5. 商品名称 </li>
        <li class="list_item">6. 商品名称 </li>
    </ul>
    <ul class="list_group">
        <li class="list_title"> 便宜好货 </li>
        <li class="list_item">
            <img src="img/goods3.png"> 商品名称
        </li>
```

```
        <li class="list_item">
            <img src="img/goods3.png">商品名称
        </li>
        <li class="list_item">
            <img src="img/goods3.png">商品名称
        </li>
    </ul>
</div>
```

（2）设置右边栏的外围盒子和列表的 CSS 样式。

实现代码如下：

```
/* 右边栏外围盒子 */
#right_side{
    float: right;
    width: 28%;
    margin-right: 1.2%;
}
/* 列表盒子样式 */
.list_group{
    margin-bottom: 30px;
}
/* 列表标题样式 */
.list_title{
    padding: 10px 15px;
    font-weight: bold;
    color: #fff;
    background: #337ab7;
}
/* 列表项 */
.list_item{
    padding: 10px 15px;
    margin-bottom: -1px;
    border: 1px solid #ddd;
}
```

右边栏样式效果如图 2-7 所示。

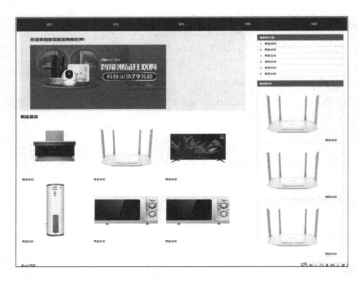

图 2-7　右边栏样式效果

6. 底边栏

（1）定义正文的脚注，添加"返回顶部"链接。

实现代码如下：

```html
<div id="bottom">
    <a href="#" class="toTop">返回顶部</a>
    <p>@xx 公司名</p>
</div>
```

（2）设置底边栏 CSS 样式。

实现代码如下：

```css
/* 尾部——底边栏 */
#bottom{
    position: relative;
    width: 100%;
    height: 30px;
}
/* 底边栏的 a 链接样式 */
#bottom a{
```

```
    position: absolute;
    right: 1.2%;
}
/* 底边栏的 p 标签样式 */
#bottom p{
    position: absolute;
    margin: 0;
    left: 1.2%;
    font-style: italic;
}
```

底边栏 CSS 样式设置代码运行效果如图 2-8 所示。

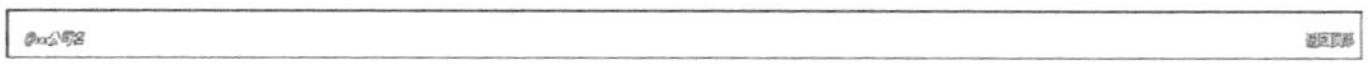

图 2-8   底边栏 CSS 样式设置代码运行效果

项目拓展

在本项目基础，进行如下进一步设计和优化。

1. 使用不同的 CSS 选择器实现样式的引入效果。

2. 进一步美化页面效果，使用圆角边框、定位等高级样式实现效果。

项目3

制作项目提成计算器

项目教学 PPT

 项目情景

　　某公司为充分发挥员工的积极性和创造性，鼓励多劳多得，实现公司的经营目标，制定了完善的项目提成及奖金分配管理制度。为方便计算项目提成及奖金比例，特设计一款项目提成计算器，以方便员工进行计算。

 项目分析

　　本项目的任务是设计如图 3-1 所示的项目提成计算器，相关功能和要求如下：
　　（1）制作一个项目提成计算器，根据不同角色计算项目提成。
　　（2）项目提成栏为只读。
　　（3）要求有 3 个角色可以选择，分别为"程序员""项目经理""销售人员"。

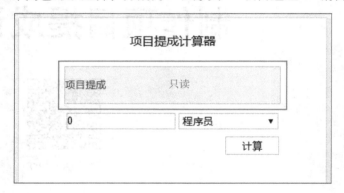

图 3-1　项目提成计算器

　　（4）按照不同角色计算相应的提成，具体计算方法如下。
　　①程序员：如果盈利超过 1 万元，则按盈利的 5% 计算提成；如果盈利为 2000～10000 元，则该项目提成 50 元；如果盈利不超过 2000 元，则该项目无提成。
　　②项目经理：如果盈利超过 2 万元，则按盈利的 20% 计算提成；如果盈利不超过 2 万元，则按盈利的 10% 计算提成。
　　③销售人员：如果盈利超过 10 万元，则按盈利的 30% 计算提成；如果盈利为 5 万～10 万元，则按盈利的 20% 计算提成；如果盈利低于 5 万元，则按盈利的 5% 计算提成。
　　程序员项目提成计算器页面效果如图 3-2 所示。

图 3-2　程序员项目提成计算器页面效果

 学习目标

（一）知识目标
（1）掌握 JavaScript 的语法及相关基础知识；
（2）掌握 JavaScript 对象的组成、创建和使用方法；
（3）理解 JavaScript 事件处理。

（二）技能目标
（1）能够正确使用 JavaScript 编写函数代码；
（2）能够规范编写 JavaScript 代码；
（3）能够运用 JavaScript 对象模型进行 DOM 操作。

（三）素质目标
（1）培养 JavaScript 代码编程的标准意识；
（2）培养动态网页程序开发的整体规划能力。

知识准备

1. JavaScript 简介

JavaScript 是 NetScape 公司为 Navigator 浏览器开发的，是显示在 HTML 文件中的一种脚本语言。通过 JavaScript 编程能实现网页内容交互显示，当用户在客户端显示该网页时，浏览器就会执行 JavaScript 程序，用户通过交互操作来改变网页的内容，可实现 HTML 语言无法实现的效果。

JavaScript 包括 ECMAScript、文档对象模型（DOM）和浏览器对象模型（BOM）3
大部分。

1）ECMAScript

ECMAScript 是 JavaScript 的核心，它是一套标准，描述了 JavaScript 语言的基本语法
和数据类型。

2）文档对象模型（DOM）

DOM 是 Document Object Model（文档对象模型）的缩写，是 W3C 组织推荐的处
理可扩展标志语言的标准编程接口。DOM 是以层次结构组织的节点或信息片段的集合。
DOM 是专门适用于 HTML/XHTML 的文档对象模型。

3）浏览器对象模型（BOM）

BOM 可对浏览器窗口进行访问和操作。在 BOM 中提供了独立于内容而与浏览器窗
口进行交互的对象，如表 3-1 所示。

表 3-1　BOM 对象模型中所提供的交互对象及含义描述

名称	含义描述
window 对象	JavaScript 的最顶层对象，其他的 BOM 对象都是 window 对象的属性
document 对象	文档对象
location 对象	浏览器当前 URL 信息
navigator 对象	浏览器本身信息
screen 对象	客户端屏幕信息
history 对象	浏览器访问历史信息

2. JavaScript 基础知识

1）变量

变量是用来存放数据的，相当于容器，值相当于容器内装的东西，而变量名就是容器
上贴着的标签，通过标签可以找到变量，以便读、写它存储的值。

（1）变量命名规则。

● 变量命名必须以字母、下划线"_"或者"$"为开头，其他字符可以是字母、_、
美元符号或数字；

● 变量名中不允许使用空格和其他标点符号，首个字符不能为数字；

● 变量名长度不能超过 255 个字符；

- 变量名区分大小写（JavaScript 是区分大小写的语言）；
- 变量名必须放在同一行中；
- 不能使用脚本语言中保留的关键字、保留字、true、false 和 null 作为标识符。

（2）变量声明规则。

- 在 JavaScript 中声明变量用 var 关键字；
- 同一个变量可以重复声明；
- 可以反复初始化变量的值；
- 声明变量的同时可以给变量赋值；
- 可以一次声明一个变量，也可以一次声明多个变量；
- 若只声明变量未赋值，默认值为"undefined"；
- 若变量重名会产生覆盖。

2）简单数据类型

JavaScript 数据类型分为简单数据类型（也称基础数据类型）和复杂数据类型（也称为引用数据类型）。简单数据类型包括字符串（string）、数字（number）、布尔（boolean）、对空（null）、未定义（undefined）、symbol 类型。

（1）字符串型（string）：使用单引号或者双引号引起来的都是字符串类型。

示例如下：

```
var color = 'red';
var color = "red";
```

（2）数字（number）：支持十进制、十六进制、八进制。

示例如下：

```
var isnum = 86;
var isnum = 070;// 等于十进制的 56
var isnum = 0xlf;// 八进制 等于十进制的 31
var isnum = 0xAB;// 十六进制 等于十进制的 171
```

NaN 表示非数，是一个奇怪的特殊值，类型转换失败时，显示为 Na，可以通过 isNaN 来检测 NaN，使用 isNaN() 来判断一个值是否是数字。原因是 NaN 与所有值都不相等，包括它自己。

（3）布尔（boolean）类型：布尔类型是 JavaScript 最常见的数据类型之一，只有两个值 true、false。

（4）未定义（undefined）类型：未定义类型就只有一个值"undefined"，当声明变量没有赋值时就会显示 undefined。

（5）对空（null）类型：对空类型用于表示尚未存在的对象，如果函数或者方法返回对象时，找不到该对象就会返回"null"；undefined 类型实际上是由 null 类型派生出来的。

（6）symbol 类型：ECMAScript 6.0 新增数据类型，表示独一无二的值。

复杂数据类型包括函数（function）、对象（object）、数组（array）类型。

3）函数（function）

函数就是封装的一段可被重复调用执行的代码块，通过此代码块可以实现大量代码的重复使用。函数可以通过事件触发或者在其他脚本中进行调用。在 JavaScript 中，通过函数对脚本进行有效的组织，脚本可以更加结构化、模块化，同时更易于理解和维护。

（1）函数的创建方式。

函数由函数名、参数、函数体、返回值 4 部分组成。参数和返回值根据需要可有可无。

创建函数的语法格式如下：

```
function 函数名（参数）{
    函数体
return 返回值;
}
```

示例如下：

```
function myFunction(a, b) {
    return a * b;
}
```

在声明函数时，可以在函数名称后面的小括号中添加一些参数，这些参数被称为形参；而在调用该函数时，同样需要传递相应的参数，这些参数被称为实参。参数最多可以有 255 个，多个参数中间用逗号分隔。

● 形参：声明函数时括号中的参数称为形参（形式上的参数）。

● 实参：调用函数时括号中的参数称为实参（实际上的参数）。

（2）函数的调用方式。

①函数中的代码将在其他代码调用该函数时执行。

● 当事件发生时（当用户单击按钮时）执行；

● 当 JavaScript 代码调用时执行；

● 自动执行（自调用）。

②函数被调用时，可以作为参数传递给另一个函数。

③通过 return 语句就可以实现将函数中的值返回给调用值。

调用函数的语法格式如下：

```
var  x = myFunction(7, 8);  // 调用函数，返回值被赋值给 x
```

如果函数被某条语句调用，当函数执行到 return 语句时，通常会计算出返回值，函数停止执行，并将返回值返回给调用者。JavaScript 将在调用语句之后"返回"执行下一条代码。

示例如下：

```
var x = myFunction(7, 8);  // 调用函数，返回值被赋值给 x，执行结果：56

function myFunction(a, b) {
    return a * b;   // 函数返回 a 和 b 的乘积
}// "myFunction" 函数声明，a,b 为形参
```

4）对象（object）

● 在 JavaScript 中，对象是一组无序的相关属性和方法的集合，所有的事物都是对象，如字符串、数值、数组、函数等；对象是由属性和方法组成的。

● 属性：事物的特征，在对象中用属性来表示（常用名词）。

● 方法：事物的行为，在对象中用方法来表示（常用动词）。

（1）对象的创建方式。

①利用对象字面量创建对象。

对象字面量就是大括号 {} 里面包含了表达这个具体事物（对象）的属性和方法。

创建对象的语法规则如下：

● 字面量里面的属性或者方法采用键值对（键：值）的形式表示，键相当于属性名，值相当于属性值（任意类型的值，如数字类型、字符串类型、布尔类型、函数类型等）。

● 多个属性或者方法中间用逗号隔开。

● 方法后面的冒号"："表示其后是一个匿名函数。

创建对象的语法格式如下：

```
var obj = {
    name:'张三',
    age:19,
    sex:'男',
    sayHi:function(){
        console.log('hi~~')
    }
}
```

②利用 new Object 创建对象。

利用 new Object 创建对象的语法规则如下：

● 利用等号"="赋值的方法添加对象的属性和方法；

● 每个属性和方法之间以分号结束。

利用 new Object 创建对象的语法格式如下：

```
var obj = new Object();
    obj.uname = '李四';
    obj.age = 18;
    obj.sex = '男';
    obj.say = function(){
        console.log('123')
    }
```

③利用构造函数创建对象。

构造函数就是把对象里面的一些相同的属性和方法抽象出来封装到函数里面，也就是说，构造函数实质上是封装一个对象。

字面量方式和 new Object 创建对象的方式一次只能创建一个对象，而里面的属性和方法大多是重复使用的。当我们想创建多个有相同属性和方法的对象并重复使用时，就需要使用构造函数来创建。

利用构造函数创建对象的语法规则如下：

- 构造函数名字首字母要大写；
- 构造函数不需要使用"**return**"就可以返回结果；
- 调用构造函数必须使用"**new**"；
- 属性和方法必须添加"**this**"。

利用构造函数创建对象的语法格式如下：

```
function 构造函数名(){
this.属性 = 值;
this.方法 = function(){
}
}
new 构造函数名();
```

（2）调用对象的属性和方法。

①调用对象属性。

调用对象属性的语法格式一如下：

```
对象名.属性名
```

示例如下：

```
console.log(obj.name);
```

调用对象属性的语法格式二如下：

```
对象名['属性名']
```

示例如下：

```
console.log(obj['age']);
```

②调用对象方法。

调用对象方法的语法格式如下：

```
对象名 . 方法名
```

示例如下：

```
obj.sayhi();
```

注：一定不能忘记添加小括号。

5）数组（array）

数组是一个特殊的对象，它可以把一组相关的数据一起存储，并且使用数字作为索引关联数组内的每个数据，索引是从 0 开始的整数。

示例如下：

```
var arr = [1,2,true," red" ,{}] ;
```

（1）数组的含义。

● 数组是一组数据的集合；

● 数组中的数据被称作元素；

● 在数组中可以存放任意元素；

● 数组是将一组数据存储在连续存储空间的一种方式。

（2）数组的创建方式。

①利用构造函数创建数组。

● 创建一个指定长度的数组。

创建一个指定长度的数组的语法格式如下：

```
var 数组名称 = new Array(数组长度);
```

示例如下：

```
var a = new Array(5);// 创建数组 "a"，且长度为 5
```

● 创建一个空数组。

创建一个空数组的语法格式如下：

```
var 数组名称 = new Array();
```

示例如下：

```
var color=new Array();// 创建一个空数组 "color"
```

● 创建一个给定数据的数组。

创建一个给定数据的数组的语法格式如下：

```
var 数组名称 = new Array(data1, data2, data3...);
```

示例如下：

```
var a = new Array(["b", 2, "a", 4]);
```

②利用数组字面量（方括号 **[]**）创建数组。

● 创建一个空数组。

创建一个空数组的语法格式如下：

```
var 数组名称 =[ ];
```

示例如下：

```
var a = [];
```

● 创建一个给定数据的数组。

创建一个给定数据的数组的语法格式如下：

```
var 数组名 = [元素1,元素2,…,元素n];
```

示例如下：

```
var a = ["b", 2, "a", 4];
```

注：数组里面的元素要用逗号隔开，可以存放任意类型的数据，比如字符串、数字、布尔类型。

（3）数组元素的获取方式。

数组可以通过"数组名[索引]"的形式来访问、设置和修改对应的数组元素。数组索引（下标）从0开始排序。

示例如下：

```
var  arr = ['小黑','小白','大黄','张三'];// 创建了一个给定数据的数组 "arr"
console.log(arr[0]);// 输出信息 "小黑"
console.log(arr[1]); // 输出信息 "小白"
console.log(arr[2]); // 输出信息 "大黄"
console.log(arr[3]); // 输出信息 "张三"
```

从上述示例代码中可以发现，数组取出每个元素，代码是重复的，有所不同的是索引值在递增循环。示例代码可以使用 for 循环语句把数组里面的每一项遍历（把数组中的每个元素从头到尾都访问一次）出来。

6）for 循环语句

如果需要一遍又一遍地运行相同的代码，并且每次的值都不同，那么使用 for 循环语句是很方便的。

（1）for 循环语句的一般语法格式。

for 循环语句的一般语法格式如下：

```
for（语句1；语句2；语句3）{
被执行的代码块
}
```

示例如下：

```
var  arr = ['小黑','小白','大黄','张三'];// 创建了一个给定数据的数组 "arr"
for(vari =0;i<arr.length;i++){
console.log(arr[i])
 }// for 循环语句把数组里面的每个元素都遍历（把数组中的每个元素从头到尾都访问一次）输出
```

注：for 循环语句常使用以下两个关键字控制循环。

● continue：跳过本次循环，继续下一次循环。

● break：跳出整个循环，循环结束。

（2）for...in 语句。

for...in 语句用于对数组或者对象的属性进行循环操作，又称遍历对象。

for...in 语句的语法格式如下：

```
for（变量 in 对象名字）{
被执行的代码块
}
```

示例如下：

```
for (var k in obj) {
    console.log(k);      // 这里的 k 是属性名
    console.log(obj[k]); // 这里的 obj[k] 是属性值
}
```

7）if 语句

（1）if 条件判断语句的语义：条件成立，执行代码一；条件不成立，则执行代码二。

（2）if 条件判断语句的语法格式

if 条件判断语句的语法格式一如下：

```
if ( 条件 ) { 代码块 };// 当条件为真，执行 {} 里的内容
```

示例如下：

```
if(3<4){
console.log("3 比 4 小 ");
}// 判断小括号里面的条件是否为真，为真就执行大括号里面的语句，控制台打印 "3 比 4 小 "
```

if 条件判断语句的语法格式二如下：

```
if ( 条件 ) { 代码块 1 } else { 代码块 2 };// 当条件为真，执行代码块 1 里的内容，条件为假
则执行代码块 2 的内容
```

示例如下：

```
if(3<4){
console.log("3 比 4 小 ");
}else{
console.log("3 比 4 大 ");
}// 判断条件是否为真，为真就执行代码块 1 的内容（控制台打印 "3 比 4 小 "），为假就执行代码
块 2 的内容（控制台打印 "3 比 4 大 "）
```

if 条件判断语句的语法格式三如下（多条件判断）：

```
if ( 条件 1){
代码 1;
}else if( 条件 2){
代码 2;}else if( 条件 3){
代码 3;
}else{
代码 4;
}// 判断条件 1 是否为真，为真就执行代码块 1 的内容；为假，判断条件 2 是否为真，为真就执行
代码块 2 的内容；为假，判断条件 3 是否为真，为真就执行代码块 3 的内容；如果以上条件都不成立，
则执行代码块 4 的内容
```

示例如下：

```
if (grade > 80) {
System.out.println(" 该成绩的等级为优 ");
} else if (grade > 70) {
System.out.println(" 该成绩的等级为良 ");
} else if (grade > 60) {
System.out.println(" 该成绩的等级为中 ");
} else {
System.out.println(" 该成绩的等级为差 ");
}
```

3. HTML DOM

HTML DOM 定义了访问和操作 HTML 文档的标准。HTML DOM 将 HTML 文档视作树结构，这种结构被称为节点树。HTML DOM 节点树如图 3-3 所示。HTML 文档中的所有内容都是节点，整个文档是一个文档节点，每个 HTML 元素是元素节点，HTML 元素内的文本是文本节点，每个 HTML 属性是属性节点，注释是注释节点。通过 HTML DOM，树中的所有节点均可通过 JavaScript 进行访问，所有 DOM 节点均可被更新、删除、添加和遍历。

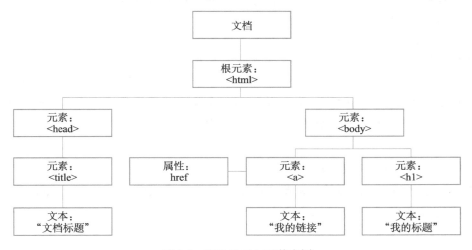

图 3-3　HTML DOM 节点树

1）获取 DOM 节点

在操作 DOM 节点之前，需要通过各种方式先获取这个 DOM 节点，常用的方法有以下几种。

（1）通过 id 获取元素节点。

在设计 HTML 文档时，一个元素对应的 id 应该是唯一的。因此可以通过"document.getElementById"获取某个元素对应的元素节点对象。

示例如下：

```
<div id="box"></div>
<script>let box= document.getElementById("box"); </script>
```

注：getElementById() 括号中不需要在前面加上 # 号，因为方法决定了括号中的值是一个元素的 id 值，该方法返回一个 DOM 对象。

（2）通过类名（class）获取元素节点。

通过"getElementsByClassName"，根据 class 返回一个节点数组。

示例如下：

```
<divclass="box"></div>
<divclass="box"></div>
<script>
letboxCollection= document.getElementsByClassName("box");
let box1 = boxList[0];
let box2 = boxList[1];
</script>
```

注：getElementByClassName() 括号中的值不需要在前面加"．"，因为方法决定了括号中的值是一个元素的 class 值，该方法返回一个集合，不能直接给集合绑定事件，需要获取集合中的某一个元素，然后再为元素绑定事件。

（3）通过标签名称获取元素节点。

在 HTML 文档中，所有的元素都有标签名。通过"getElementsByTagName"，可以根据标签名称获取一个元素数组。

示例如下：

```
<div id="box">
<p> 段落 1</p>
<p> 段落 2</p>
```

```
<p> 段落 3</p>
<p> 段落 4</p>
<p> 段落 5</p>
<p> 段落 6</p>
</div>
<script>
let pCollection= document.getElementsByTagName("p");
</script>
```

注：该方法返回的也是一个集合，可以把集合看作一个数组，通过索引值获取具体的 DOM 节点，再对 DOM 进行事件操作。

（4）通过表单元素的 name 属性获取元素节点。

在 HTML 文档中，表单元素都有 name 属性，通过"getElementsByName"，可以根据 name 属性的值，获取元素节点。

示例如下：

```
<div id="box">
<input type="text"name="user" />
</div>
<script>
let userInput= document.getElementsByName("user");
</script>
```

注：只有含有 name 属性的元素（表单元素）才能通过 name 属性获取。

（5）通过 CSS 选择器获取元素节点。

通过"querySelector"，可以按照深度优先和先序遍历的原则使用参数提供的 CSS 选择器在 DOM 中进行查找，返回第一个满足条件的元素。

示例如下：

```
<div id="box"></div>
<script>
let box= document.querySelector("#box");
</script>
```

注：querySelector() 方法括号中的值是元素的选择器，所以前面加了"＃"符号，使

用的是 id 选择器，此方法直接返回 DOM 对象本身。

（6）通过选择器获取一组元素节点。

通过"querySelectorAll"可以得到一个伪数组 DOM，该方法返回所有满足条件的元素，结果是个 nodeList 集合。

示例如下：

```
<divclass="box">box1</div>
<divclass="box">box2</div>
<divclass="box">box3</div>
<divclass="box">box4</div>
<divclass="box">box5</div>
<script>
let box1= document.querySelector(".box");
let boxes= document.querySelectorAll(".box");
</script>
```

注：

● 所有获取 DOM 节点的方法中，只有 getElementById() 和 querySelector() 这两个方法直接返回 DOM 节点本身，可直接为其绑定事件。

● getElementXXX 类型的方法，除了通过 ID 获取元素，其他都返回一个集合，如果需要取到具体的 DOM 元素节点，需要加索引。

示例如下：

```
document.getElementsByClassName("box")[0]
// 获取 class 为 box 的所有元素中的第一个 DOM 元素
```

● querySelector() 和 querySelectorAll() 方法括号中的取值都是选择器。当有多个 class 相同的元素时，使用 querySelector() 方法只能获取第一个 class 为 box 的元素，使用 querySelectAll() 方法可以获取所有的 class 为 box 的元素的集合。

2）操作 DOM 节点

（1）获取和修改元素间的内容，利用 innerHTML 属性可以设置或返回表格行的开始和结束标签之间的 HTML，利用该属性可以获取 DOM 元素节点，直接更改目标元素内部结构。

操作 DOM 节点的语法格式如下：

```
tablerowObject.innerHTML=HTML
```

如下是一个聊天室案例实现代码：

```html
<!DOCTYPE html>
<html lang="en">

<head>
    <meta charset="UTF-8">
    <meta http-equiv="X-UA-Compatible" content="IE=edge">
    <meta name="viewport" content="width=device-width, initial-scale=1.0">
    <title>聊天室</title>
    <style>
        #box {
            width: 250px;
            height: 300px;
            overflow-y: scroll;
            border: 1px solid #e5e5e5;
            background: #f1f1f1;
        }
    </style>
</head>

<body>
    <div id="box"></div>
    <span id="span1">张三: </span>
    <input type="text" id="text1" />
    <input id="Btn" type="button" value=" 按钮 " name="" />
</body>
<script>
    window.onload = function () {
        var oBox = document.getElementById("box");
        var oSpan = document.getElementById("span1");
        var oText = document.getElementById("text1");
        var oBtn = document.getElementById("Btn");
```

```
        oBtn.onclick = function () {
            oBox.innerHTML = oBox.innerHTML + oSpan.innerHTML + oText.value
+ "<br/>";
            //oBox.innerHTML += oSpan.innerHTML + oText.value +  "<br/>";这
是简便的写法，在 JavaScript 中 a=a+b ，那么也等同于 a+=b
            oText.value = ""
        };
    }
  </script>
  </html>
```

（2）获取、添加、删除、修改元素属性。

● **createAttribute**：建立一个属性；

● **removeAttribute**: 删除一个属性；

● **getAttributeNode**：获取一个节点作为对象；

● **setAttributeNode**：建立一个节点；

● **removeAttributeNode**：删除一个节点；

Attributes 可以获取一个对象中的某个属性，并且作为对象来调用，注意调用时要使用"[ ]"。

项目操作视频

1.创建项目主体

（1）将多选菜单的选项值设置为 value，以方便筛选；

（2）设置项目提成区块为只读；

（3）placeholder 为提示信息；

（4）<select> 可创建单选或多选菜单；

（5）<option> 为下拉列表的一个选项。

实现代码如下：

```
<body>
    <div id="box">
        <header>项目提成计算器 </header>
```

```
                <div id="dataBox">
                    <input type="text" id="bonus" readonly="readonly" value=""
placeholder=" 项目提成 " />
                </div>
                <input type="text" value="0" id="benefit" placeholder=" 项目收益 " />
                <select id="roles">
                    <option value="1"> 程序员 </option>
                    <option value="2"> 项目经理 </option>
                    <option value="3"> 销售人员 </option>
                </select>
                <div id="count">
                    <input type="button" value=" 计算 " id="countBtn" />
                </div>
            </div>
        </body>
```

2. CSS 美化页面

设置文本框、多选菜单、计算按钮、输出文本框的尺寸和边框样式。

实现代码如下：

```
* {
    margin: 0px; // 外边距
    padding: 0px;// 内边距
}
header {
    text-align: center;// 文字居中
    margin-bottom: 15px;
}
#box {
    margin: 20px auto 0;
    width: 300px;
    text-align: center;
}
#bonus {
    height: 50px;
    width: 280px;
```

```
    background-color: #F3F3F3;
}
#benefit {
    height: 20px;
    width: 140px;
}
#roles {
    height: 22px;
    width: 130px;
    vertical-align: bottom;// 把元素的顶端与行中最低的元素的顶端对齐
}
#count {
    padding-top: 10px;
    padding-right: 11px;
    text-align: right;
}
/* 计算按钮 */
#countBtn {
    height: 25px;
    width: 70px;
    text-align: center;
    background-color: #FFFFFF;
    cursor: pointer;
}
#dataBox {
    padding: 10px 0;
}
/* 输出文本框 */
#benefit,
#roles,
#countBtn,
#bonus {
    border: 1px solid #D4D4D4;// 边框为 1px 的实线 ,#d4d4d4 为颜色信息
}
```

项目提成计算器页面美化效果如图 3-4 所示。

图 3-4 项目提成计算器页面美化效果

3. 业务逻辑功能实现

（1）按照策略模式，需要创建 1 个策略对象，并设置 3 个与角色相对应的策略方法，每个策略方法实现相对应的计算（在 body 里新增 <script type="text/javascript">，在这里输入 </script>）。

实现代码如下：

```javascript
// 封装角色提成算法
function roles() {
        // 程序员提成计算
        // 1. 程序员：如果盈利超过 1 万元，则按盈利的 5% 计算提成；如果盈利为 2000～
10 000元，
        //     则该项目提成 50 元；如果盈利不超过 2000 元，则该项目无提成
        //
        this.programmer = function(data) {
            if (data > 10000) {
                return data * 0.05;
            } else if (2000 <= data&& data<= 10000) {
                return 50;
            } else {
                return 0;
            }
        }
        // 项目经理提成计算
        // 2. 项目经理：如果盈利超过 2 万元，则按盈利的 20% 计算提成；如果不超过
2 万元，
        //     则按盈利的 10% 计算提成
        //
```

```
            this.manager = function(data) {
                if (data > 20000) {
                    return data * 0.2;
                } else {
                    return data * 0.1;
                }
            }
            // 销售人员提成计算
            // 3. 销售人员: 如果盈利超过 10 万元, 则按盈利的 30% 计算提成; 如果盈利为 5 万~
10 万元,
            //    则按盈利的 20% 计算提成; 如果盈利低于 5 万元, 则按盈利的 5% 计算提成
            //
            this.salesman = function(data) {
                if (data > 100000) {
                    return data * 0.3;
                } else if (data >= 50000) {
                    return data * 0.2;
                } else {
                    return data * 0.05;
                }
            }
        }
```

（2）创建提成对象。

实现代码如下：

```
// 提成对象
    function bonus(){
        this.benefit = 0;    // 项目收益
    }
// 在函数原型里添加一个设置项目收益的方法
    bonus.prototype.setBenefit = function(data){
        this.benefit = data;
    };
```

（3）设置提成对象的原型链为策略对象。

实现代码如下：

```
bonus._proto_ = new roles();
```

（4）通过原型链，可以直接使用策略对象中的策略方法，并且为提成对象提供一个获取提成的方法，同时接收策略方法，通过设置的项目收益进行计算并返回提成值。

实现代码如下：

```
bonus.prototype.getBonus = function(role){
        return role(this.benefit);   // 通过原型链中的方法计算提成
    }
```

（5）实例化提成对象。

实现代码如下：

```
// 创建 bonus 的实例对象
    varbonusCount = new bonus();
```

（6）定义一个筛选角色的对象方法，并返回获取提成方法的值。

实现代码如下：

```
var strategies = {
    "1": function() {
        return  bonusCount.getBonus(bonus._proto_.programmer);
    },
    "2": function() {
        return  bonusCount.getBonus(bonus._proto_.manager);
    },
    "3": function() {
        return  bonusCount.getBonus(bonus._proto_.salesman);
    }
}
```

（7）定义一个"计算"按钮单击事件的方法，该方法用于获取输入的项目收益值和选择的角色值，并通过提成对象的设置收益方法设置输入的项目收益，通过角色筛选对象获取角色相对应的计算值。

实现代码如下：

```
//"计算"按钮单击事件
functioncountFun() {
    // 获取项目收益
    var benefit = document.getElementById("benefit").value;
    // 获取选择的角色
    var role = document.getElementById("roles").value;
    // 设置项目收益
    bonusCount.setBenefit(benefit);
    // 角色对应的提成计算方法
    varbonusText = document.getElementById("bonus");
    bonusText.value = strategies[role]();
}
```

（8）为"计算"按钮添加一个单击事件并调用上面的方法。

实现代码如下：

```
<div id="count">
    <input type="button" value="计算" id="countBtn" onclick="countFun()" />
</div>
```

项目拓展

在本项目的基础上优化主体内容结构，增加角色选择，提高分成计算难度；充实页面主体内容，使页面内容更加充实与饱满。

项目4

制作房屋装饰网站

项目教学 PPT

项目情景

房屋装饰行业是随着房地产热潮的逐步兴起快速成长起来的朝阳产业。近年来，伴随着中国经济的快速增长及其相关行业的蓬勃发展，房屋装饰行业愈加显示出了其巨大的发展潜力。充分利用计算机技术和网络技术，将是实现房屋装饰行业跨越式发展的重要途径。本项目是设计一个房屋装饰网站并且适配移动端设备，让用户能够随时随地使用移动端设备查看房屋装饰信息。

项目分析

房屋装饰网是一个通过图文信息展示房屋装饰效果的网站，本项目需要完成其中的"房屋效果展示"页面。

"房屋效果展示"页面结构：页面顶部是标题搜索栏和导航栏，下面是房屋信息栏。房屋信息栏中的每个列表项中包括一张房屋效果图和简要说明文字，作为房屋详情信息的入口，页面打开后可以播放背景音乐。

房屋装饰网站房屋效果展示页面效果及结构图如图 4-1 所示。

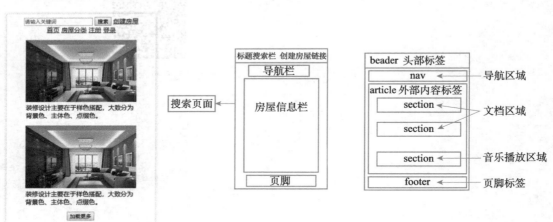

图 4-1　房屋装饰网站房屋效果展示页面的效果及结构图

 学习目标

（一）知识目标

（1）理解 HTML5 新增的元素及其属性；

（2）掌握 CSS3 新增属性的相关知识。

（二）技能目标

（1）能够正确使用 HTML5 新增的元素及其属性；

（2）能够运用 CSS3 完成移动端的适配。

（三）素质目标

（1）培养移动端网页代码编程的标准意识；

（2）培养移动端网页开发的整体规划能力。

知识准备

1. HTML5 简介

HTML5 是 HTML 最新的修订版本，2014 年 10 月由万维网联盟（W3C）完成标准制定。HTML5 的设计目的是在移动设备上支持多媒体。

HTML5 是下一代 HTML 标准。HTML 4.01 版本诞生于 1999 年。自那以后，Web 世界已经经历了巨变。HTML5 仍处于完善之中。目前，大部分浏览器都支持 HTML5。

HTML5 结构如图 4-2 所示。

2. HTML5 语义化标签

语义化标签是 HTML5 的新特性，就是让标签具有自己的含义。语义化标签的优点主要有以下几点：

● 语义化就是让页面的内容结构化，便于对浏览器、搜索引擎进行解析；

● 在没有 CSS 样式的情况下，以一种文档格式显示，且容易阅读；

● 搜索引擎的爬虫依赖于标记来确定上下文和各个关键字的权重，利于搜索引擎优化；

● 使阅读源代码的人更容易将网站分块，便于阅读、维护和理解。

HTML5 新增的语义化标签主要有 <header>、<article>、<section>、<nav>、<aside>、<footer>、<time> 等。

图 4-2　HTML5 结构

1）header 元素

header 元素为文档或者节规定页眉，被用作介绍性内容的容器。一个文档中可以有多个 header 元素。

示例如下：

```
<article>
   <header>
      <h1>What Does WWF Do?</h1>
      <p>WWF's mission:</p>
   </header>
   <p>WWF's mission is to stop the degradation of our planet's natural
environment, and build a future in which humans live in harmony with nature.
   </p>
</article>
```

2）footer 元素

footer 元素为文档或节规定页脚，它可提供有关其包含元素的信息。页脚通常包含文档的作者、版权信息、使用条款链接、联系信息等。可以在一个文档中使用多个 footer 元素。

示例如下：

```
<footer>
<p>Posted by: Hege Refsnes</p>
<p>Contact information: <a href="mailto:someone@example.com">
   someone@example.com</a>.</p>
</footer>
```

3）nav 元素

nav 元素用作页面导航的链接集合，文档中并非所有链接都要位于 nav 元素中。它主要应用于定义大型的导航链接块。

示例如下：

```
<nav>
<a href="/html/">HTML</a> |
<a href="/css/">CSS</a> |
<a href="/js/">JavaScript</a> |
<a href="/jquery/">jQuery</a>
</nav>
```

4）aside 元素

aside 元素用作页面主体内容之外的某些内容（比如侧栏）。aside 元素的内容应该与周围内容相关。

示例如下：

```
<p>My family and I visited The Epcot center this summer.</p>
<aside>
<h4>Epcot Center</h4>
<p>The Epcot Center is a theme park in Disney World, Florida.</p>
</aside>
```

5）section 元素

section 标签定义文档中的节（section、区段）。比如章节、页眉、页脚或文档中的其他部分。

示例如下：

```
<body>
<section>
    <h1>章节一</h1>
    <p>详细内容 ...</p>
</section>
<section>
    <h1>章节二</h1>
    <p>详细内容 ...</p>
</section>
</body>
```

6）time 元素

time 标签定义公历的时间（24 小时制）或日期，时间和时区偏移是可选的。该元素能够以机器可读的方式对日期和时间进行编码。举例来说，用户代理能够把生日提醒或排定的事件添加到用户日程表中，搜索引擎也能够生成更智能的搜索结果。

示例如下：

```
<p>我们在每天早上 <time>9:00</time> 开始营业。</p>
<p>我在 <time datetime="2008-02-14">情人节</time> 有个约会。</p>
```

3. HTML5 表单

HTML 表单一直都是 Web 的核心技术之一，通过 HTML 表单可以在 Web 上进行各种各样的应用，并能和服务器进行方便快捷的交互。

HTML5 Forms 新增了许多新控件及其 API，方便开发人员开发更复杂的应用，而不用借助其他前端脚本语言（如 JavaScript），极大地解放了开发人员的双手。HTML5 表单输入页面样式如图 4-3 所示。

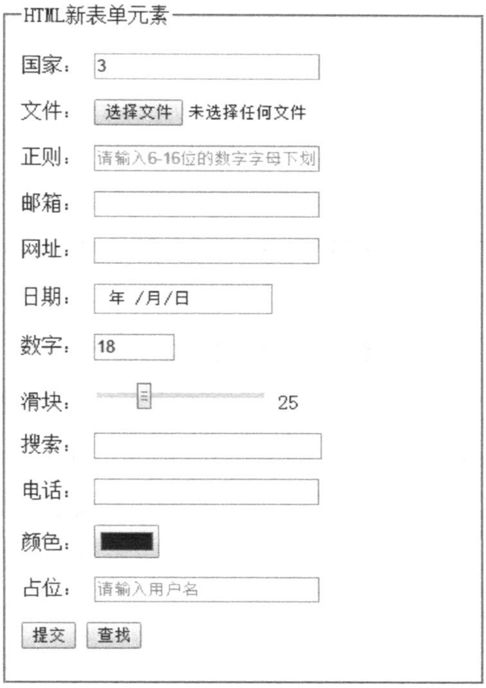

图 4-3　**HTML5 表单输入页面样式**

1）表单结构

在 HTML5 中，表单完全可以放在页面任何位置，然后通过新增的 form 属性指向元素所属表单的 id 值，即可关联起来。

示例如下：

```
<!DOCTYPE html>
<html>
<head>
<meta charset="UTF-8">
<title></title>
</head>
<body>
    姓名: <input type="text" name="realname" form="form1"/>
<form id="form1" method="get">
<button> 提交 </button>
```

```
      </form>
    </body>
  </html>
```

2）表单重写属性

表单重写属性（Form Override Attributes）允许重写 form 元素的某些属性设定。表单重写属性的"值"及含义描述如表 4-1 所示。

表 4-1　表单重写属性的"值"及含义描述

值	含义描述
formaction	重写表单的 action 属性
formenctype	重写表单的 enctype 属性
formmethod	重写表单的 method 属性
formnovalidate	重写表单的 novalidate 属性
formtarget	重写表单的 target 属性

示例如下：

```
<!DOCTYPE html>
<html>
<head>
<meta charset="UTF-8">
<title></title>
</head>
<body>
      姓名: <input type="text" name="realname" form="form1"/>
<form id="form1" method="get">
<button formmethod="get"  formaction="d01.html">get 提交给 d01.html</
button>
    <button formmethod="post" formaction="d02.html">post 提交 d02.html</
button>
    </form>
  </body>
  </html>
```

3）表单控件输入类型

（1）邮箱（email）输入类型。

在 HTML5 中，当需要一个用来填写邮箱地址的输入框时，可以使用邮箱输入类型。邮箱输入类型外表与文本框一样，但在移动端运行时将切换对应的输入键盘。

邮箱输入类型的语法格式如下：

```
<input type="email" />
```

（2）URL 输入类型。

在 HTML5 中，当需要一个用来填写 URL 地址的输入框时，可以使用 URL 输入类型。使用 URL 输入类型可以让浏览器自动验证 URL 地址格式，而不需要填写验证规则。

URL 输入类型的语法格式如下所示：

```
<input type= "url" />
```

邮箱与 URL 输入表单代码示例如下：

```
<!DOCTYPE html>
<html>
<head>
<meta charset="UTF-8">
<title>HTML5 新的表单元素 </title>
</head>
<body>
<h2>HTML5 新的表单元素 </h2>
<form>
<p>
<label> 邮箱: </label>
<input type="email" name="mail" id="mail" value="" />
</p>
<p>
<label> 博客: </label>
<input type="url" name="blog" id="blog" value="" /></p>
<button> 提交 </button>
```

```
    </form>
    </body>
    </html>
```

代码运行效果如图 4-4 和图 4-5 所示。

图 4-4　HTML5 邮箱和 URL 表单页面邮箱输入显示效果

图 4-5　HTML5 邮箱和 URL 表单页面 URL 输入显示效果

4）日期和时间相关输入类型

HTML5 提供日历控件，但目前只有 Opera/Chrome 新版本支持，且展示效果也不一样。日期和时间相关输入类型的语法格式如下：

```
<input type="date"/>// 日期
<inputtype="time"/>// 时间
<input type="month"/>// 月
<input type="week"/>// 周
<input type="datetime"/>// 日期 + 时间
<input type="datetime-local"/>// 本地日期时间
```

示例如下：

```
<p>
<label>生日：</label>
<input type="date"/>
</p>
```

代码运行效果如图 4-6 所示。

图 4-6　日期输入页面显示效果

5）数字（number）输入类型

HTML5 增添了一种数字输入类型，可以提供一个数字输入框，框中只能输入数字，输入不了非数字字符。数字输入类型的"属性值"及含义描述如表 4-2 所示。

数字输入类型的语法格式如下：

```
<input type="number">
```

表 4-2　数字输入类型的"属性值"及含义描述表

值	含义描述
disabled	规定输入字段应该被禁用
max	规定输入字段的最大值
maxlength	规定输入字段的最大字符数
min	规定输入字段的最小值
pattern	规定通过其检查输入值的正则表达式
readonly	规定输入字段为只读（无法修改）
required	规定输入字段是必需的（必须填写）
size	规定输入字段的宽度（以字符计）
step	规定输入字段的合法数字间隔
value	规定输入字段的默认值

示例如下：

```
<p>
<label> 身高: </label>
<input type="number" max="226" min="80" step="10" value="168" />
</p>
```

代码运行效果如图 4-7 所示。

图 4-7　数字输入框显示效果

注：输入框中必须输入数字，且数字的大小要介于指定的范围。

6）自定义滑块（range）输入类型

HTML5 增添了一种自定义滑块输入类型，在特定范围内的数值，以滑动条的形式显示。自定义滑块输入类型的"值"及含义描述如表 4-3 所示。

自定义滑块输入类型语法格式如下：

```
<input type="range">
```

表4-3　自定义滑块输入类型的"值"及含义描述表

值	含义描述
max	滑动条数值上限
min	滑动条数值下限
step	间隔，滑动值必须为 step 的倍数 例：step="3"，则合法的数是 -3、0、3、6 等
value	默认值，不指定则为 ceil((min+max)/2)

示例如下：

```
<p>
<label>体重: </label>
<input type="range" max="500" min="30" step="5" value="65"
onchange="showValue(this.value)"/>
<span id="rangeValue"></span>
</p>
<button>提交</button>
<script type="text/javascript">
            function showValue(val){
                document.getElementById("rangeValue").innerHTML=val;
            }
</script>
```

代码运行效果如图 4-8 所示。

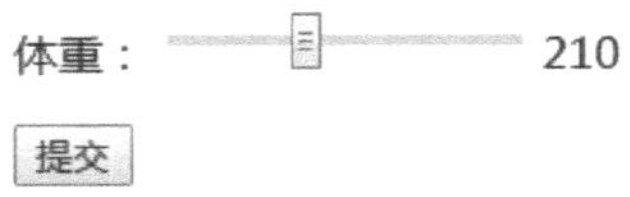

体重：　　　　　　210

提交

图 4-8　自定义滑动条显示效果

注：滑动条默认没有显示值，需要使用 JavaScript 手动显示。

7）搜索（search）输入类型

HTML5 增添了一种搜索输入类型，表示输入的将是一个搜索关键字，可显示一个搜索小图标，如站点搜索等。

搜索输入类型的语法格式如下：

```
<input type="search"/>
```

搜索输入框显示效果如图 4-9 所示。

搜索：keyword　　　　　　　×　搜索

图 4-9　搜索输入框显示效果

注：在搜索输入框中，右边会出现一个清除符号。

8）电话号码（tel）输入类型

HTML5 增添了一种电话号码输入类型，tel 类型可以提供一个电话号码输入表单，可在输入框中输入电话号码，但实际上它并没有特殊的验证，与 text 类型没什么区别。在移动端会弹出输入数字的键盘。

电话号码输入类型的语法格式如下：

```
<input type="tel">
```

9）颜色（color）输入类型

颜色输入类型用于应该包含颜色的输入字段。根据浏览器支持，颜色输入框会出现在输入字段中，它可让用户通过颜色选择器选择一个颜色值，并反馈到该控件的 value 值中。

颜色输入类型的语法格式如下：

```
<input type="color">
```

示例如下：

```
<input type=color>
```

```
<p>
<label>肤色: </label>
    <input type="color" onchange="document.bgColor=this.value" />
</p>
```

代码运行效果如图 4-10 所示。

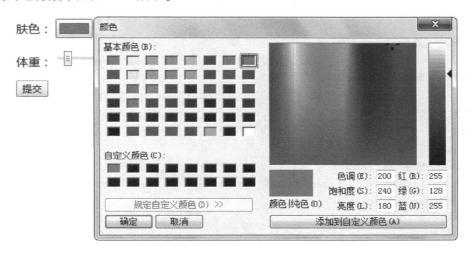

图 4-10   颜色输入框显示效果

示例如下:

```
<!DOCTYPE html>
<html>
<head>
<meta charset="UTF-8">
<title>HTML5 新的表单元素 </title>
</head>
<body>
<h2>HTML5 新的表单元素 </h2>
<form>
<p>
<label>姓名: </label>
<input type="text" required="required"/>
</p>
<p>
```

```
    <label>相片: </label>
    <input type="file" multiple="multiple"/>
    </p>
    <p>
    <label>账号: </label>
    <input type="text" name="username" autocomplete="on" required =
"required" pattern="^[0-9a-zA-Z]{6,16}$" /> 请输入 a-zA-Z0-9 且长度 6-16 位的
字符
    </p>
    <p>
    <label>邮箱: </label>
    <input type="email" name="mail" id="mail" value="" placeholder=" 请输入
邮箱 "/>
    </p>
    <p>
    <label>博客: </label>
    <input type="url" name="blog" id="blog" value="" required="required"
autofocus="autofocus"/>
    </p>
    <p>
    <label>生日: </label>
    <input type="date">
    </p>
    <p>
    <label>身高: </label>
    <input type="number" max="226" min="80" step="10" value="170" />
    </p>
    <p>
    <label>肤色: </label>
    <input type="color" onchange="document.bgColor=this.value" />
    </p>
    <p>
    <label>体重: </label>
    <input type="range" max="500" min="30" step="5" value="65"
onchange="showValue(this.value)"/>
    <span id="rangeValue"></span>
    </p>
    <button formnovalidate="formnovalidate">提交 </button>
```

```
<script type="text/javascript">
            function showValue(val){
            document.getElementById("rangeValue").innerHTML=val;
        }
</script>
</form>
</body>

</html>
```

 项目实施

1. 创建项目主体

（1）创建房屋装饰网站页面，命名为 house.html。

实现代码如下：

项目操作视频

```
<!DOCTYPE html>
<html>
<head>
<meta charset="utf-8">
<title>房屋装饰列表</title>
</head>
<body>
</body>
</html>
```

（2）在 head 头部标记中添加一个 <meta> 标签，让网页的宽度自动适应手机屏幕的宽度。

实现代码如下：

```
<head>
    <meta charset="UTF-8">
    适应移动端视口
```

```
    <meta name="viewport" content="width=device-width,initial-scale=1"/>
    <title> 房屋装饰网 </title>
  </head>
```

（3）将素材 images 和 music 文件放置在项目文件夹中，如图 4-11 所示。

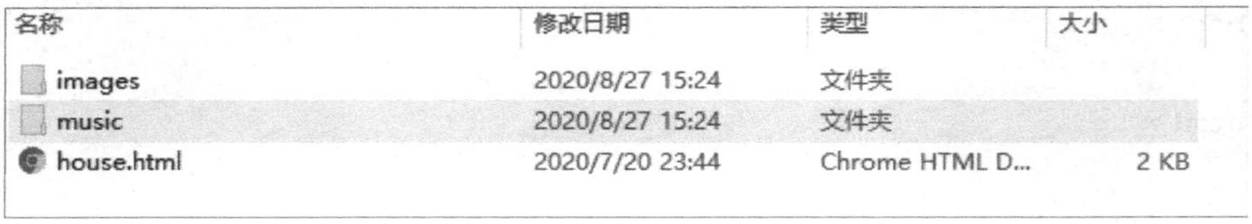

名称	修改日期	类型	大小
images	2020/8/27 15:24	文件夹	
music	2020/8/27 15:24	文件夹	
house.html	2020/7/20 23:44	Chrome HTML D...	2 KB

图 4-11　文件夹显示页面

2. 顶部搜索栏

（1）通过 HTML5 的结构标签搭建页面的主体结构，在页面正文部分的 <article> 标签中加上一个全局属性 contenteditable，设置属性值为 "false"，设置 article 元素中的内容为不允许编辑。

实现代码如下：

```
<body>
<header></header><!--头部标签-- >
<nav></nav><!--导航栏-- >
<!--页面正文内容标签-- >
<article contenteditable-"false">
<section><section>< ! --区域内容标签—>
<section></section>
<section></section><! --audio 标签位置-->
</article>
<footer></footer><!—页脚标签 -- >
</body>
```

（2）通过 <form> 标签创建头部搜索栏表单，包含一个 input 文本框、一个按钮和一个超链接。

在 <input> 标签中使用 HTML5 新增表单属性 spellcheck 对用户输入的文本内容进行拼写和语法检查，使用表单标签自带属性 placeholder 在 input 框内设置提示信息。

实现代码如下：

```html
<header width='375px' align='center'>
    <form>
         <input type="text" spellcheck="true" placeholder="请输入关键词"
name="">
         <button type="submit" name="">搜索</button>
         <a href="create.html">创建房屋</a>
    </form>
</header>
```

头部搜索栏显示效果如图 4-12 所示。

图 4-12 头部搜索栏显示效果

3. 导航栏

通过 **\<nav\>** 标签创建一个导航栏，使用 **\<a\>** 标签作为导航项。

实现代码如下：

```html
<!-- 导航栏 -->
<nav width="100%" align="center">
    <a href="">首页</a>
    <a href="">房屋分类</a>
    <a href="">注册</a>
    <a href="">登录</a>
</nav>
```

导航栏显示效果如图 4-13 所示。

图 4-13 导航栏显示效果

4.创建房屋信息/音乐播放区块

（1）输入房屋信息，并通过 <figure> 标签插入图片，展示图片信息和图片标题信息，<figure> 标签规定独立的流内容（如图像、图表、照片、代码等），<figcaption> 元素被用作 <figure> 元素定义标题。

实现代码如下：

```
<article contenteditable="false">
    <section>
        <figure>
            <img src="images/house1.jpg" width="100%">
            <figcaption>装修设计主要在于样式颜色搭配，大致分为背景色、主体
色、点缀色。</figcaption>
        </figure>
    </section>
</article>
```

房屋信息/音乐播放区显示效果如图 4-14 所示。

图 4-14　房屋信息/音乐播放区显示效果

（2）通过 <section> 标签创建音乐播放栏，添加 <audio> 音频标签播放音乐文件，并用全局属性 hidden 隐藏播放栏。

①将音乐文件放入同目录文件夹；

②通过 <audio> 标签播放该音乐文件，并通过全局属性 hidden 隐藏播放栏。通过 <audio> 标签自带的 autoplay 属性设置音乐文件自动播放。

实现代码如下：

```
<section>
    <audio src="music/1.mp3" hidden="hidden" autoplay="true"
preload="auto"></audio>
</section>
```

（3）在页脚添加"加载更多"按钮。

使用 \<footer\> 标签设置页面页脚内容。

实现代码如下：

```
<footer align='center'>
    <button>加载更多</button>
</footer>
```

页脚显示效果如图 4-15 所示。

图 4-15　页脚显示效果

项目拓展

在本项目的基础上优化主体内容结构，增加更多的 HTML5 新增元素；充实页面主体内容，使页面内容更加充实与饱满，适配更多不同分辨率的移动端页面。

项目5

体验小程序项目模板

项目教学 PPT

 项目情景

　　微信小程序（简称小程序）是一种不需要下载安装即可使用的应用，它实现了应用"触手可及"的梦想。为了让读者对小程序开发有一个整体认识，本项目介绍将小程序的概念及发展、开发流程、文件结构、宿主管理等基础知识。

 项目分析

　　通过微信开发者工具提供的模板开发小程序，了解小程序的基础目录结构和代码组成。

 学习目标

（一）知识目标

（1）熟悉小程序创建流程及文件结构；

（2）熟悉小程序语法知识及宿主环境。

（二）技能目标

（1）能够正确使用开发者工具创建项目；

（2）能够熟知 **WXML**、**WXSS** 和 **JavaScript** 使用场景。

（三）素质目标

（1）启发爱国情怀，增强民族自豪感；

（2）培养小程序开发的流程意识。

 知识准备

1. 小程序简介

　　小程序是一种连接用户与服务的全新方式，它可以在微信内被便捷地获取和传播，同时具有出色的使用体验。小程序是 IT 行业里一个真正能够影响到普通程序员的创新成果，正在改变着人们的生活和工作方式。

2. 小程序与普通页面的开发区别

小程序使用的主要开发语言是 JavaScript，小程序的开发与普通的网页开发有很大的相似性。对于前端开发者而言，从网页开发迁移到小程序开发的成本并不高，但是二者还是有区别的。

网页开发渲染线程和脚本线程是互斥的，这也是为什么长时间的脚本运行可能会导致页面失去响应，而在小程序中，二者是分开的，分别运行在不同的线程中。网页开发者可以使用各种浏览器暴露出来的 DOM API，进行 DOM 选中和操作。而如上所述，小程序的逻辑层和渲染层是分开的，逻辑层运行在 JavaScriptCore 中，并没有一个完整浏览器对象，因而缺少相关的 DOM API 和 BOM API。这一区别导致了前端开发比较常用的一些库，如 jQuery、Zepto 等，在小程序中是无法运行的。同时 JavaScriptCore 的运行环境同 NodeJS 运行环境也不尽相同，所以一些 NPM 的包在小程序中也是无法运行的。

网页开发者需要面对的环境是各式各样的浏览器，PC 端需要面对 IE、Chrome、QQ 浏览器等，在移动端需要面对 Safari、Chrome 及 iOS、Android 系统中的各式 WebView。而小程序开发过程中需要面对的是两大操作系统 iOS 和 Android 的微信客户端，以及用于辅助开发的小程序开发者工具，小程序的三大运行环境也是有所区别的。

3. 小程序运行环境

网页开发者在开发网页的时候，只需要使用浏览器，并且搭配一些辅助工具或者编辑器即可。小程序的开发则有所不同，需要经过申请小程序账号、安装小程序开发者工具、配置项目等过程。小程序运行环境要求如表 5-1 所示。

表 5-1　小程序运行环境要求

运行环境	逻辑层	渲染层
iOS	JavaScriptCore	WKWebView
Android	V8	Chromium 定制内核
小程序开发者工具	NWJS	ChromWebView

4. 开发者工具

1）开发者工具简介

微信开发者工具是微信官方提供的针对微信小程序的开发工具，集中了开发、调试、预览、上传等功能。微信团队发布了微信小程序开发者工具、微信小程序开发文档和微信小程序设计指南。全新的开发者工具，集成了开发调试、代码编辑及程序发布等功能，帮助开发者简单和高效地开发微信小程序。

图 5-1　扫码登录页面

微信开发者工具的界面又分为启动页面、项目页面和主界面。

2）启动页面

启动页面也是登录页面，在登录页面，可以使用微信扫码登录开发者工具，开发者工具将使用这个微信账号的信息进行小程序开发和调试。扫码登录页面如图 5-1 所示。

3）项目页面

登录成功后，会看到已经存在的项目列表和代码片段列表，在项目列表可以选择小程序、小游戏、代码片段或者公众号网页进行开发和调试。项目页面如图 5-2 所示。

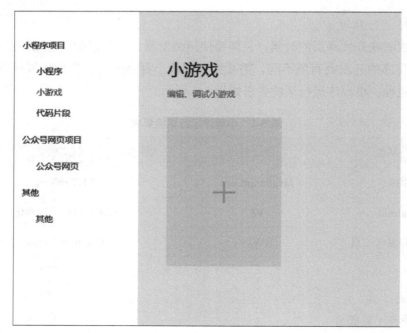

图 5-2　项目页面

4）主界面

开发者工具主界面，从上到下，从左到右，分为菜单栏、工具栏、模拟器、目录栏、编辑区、调试器六大部分。开发者主界面如图 5-3 所示。

图 5-3　开发者主界面

（1）菜单栏。

菜单栏主要提供开发者工具的功能菜单。

（2）工具栏。

工具栏左侧是控制主界面模块显示 / 隐藏的按钮，至少需要有一个模块显示；在工具栏中间提供了编译、预览、真机联调、清缓存功能按钮；工具栏右侧是开发辅助功能区域，在这里有上传、版本管理、详情等方便开发者调试。

（3）模拟器。

模拟器可以模拟小程序在微信客户端的表现。小程序的代码通过编译后可以在模拟器上直接运行。

开发者可以选择不同的设备，也可以添加自定义设备来调试小程序在不同尺寸机型上的适配问题。

（4）调试器。

调试器界面如图 5-4 所示。

图 5-4　调试器界面

单击工具栏中的"调试器"按钮，可打开控制台，方便在开发的时候输出数据和日志，并且可以查看 WXML 的情况，以及 WXSS 的样式是否有效果。

（5）目录栏。

通过开发者工具生成的项目目录一般分为全局配置文件、项目文件和工具类文件 3 部分。资源管理器显示该界面如图 5-5 所示。

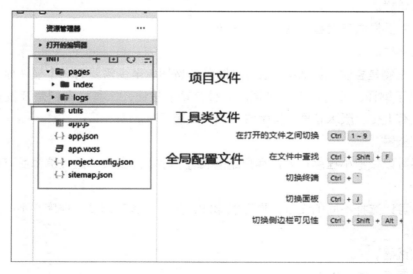

图 5-5　项目目录显示界面

① 全局配置文件。

小程序全局配置页面主体部分由以下 3 个文件组成，并且必须放在项目的根目录下。

● 小程序逻辑文件（app.js）。app.js 文件是必需配置文件，它可以指定微信小程序的生命周期函数。生命周期函数可以理解为微信小程序自己定义的函数，如 onlaunch（监听小程序初始化）、onshow（监听小程序显示）、onhide（监听小程序隐藏）等，在不同阶段、不同场景可以使用不同的生命周期函数。

app.js 文件中还可以定义一些全局函数和数据，其他页面引用 app.js 文件后就可以直接使用全局函数和数据。

app.js 文件的配置代码示例如下：

```
// app.js
App({
onLaunch() {
      // 展示本地存储能力
const logs = wx.getStorageSync('logs') || []
logs.unshift(Date.now())
wx.setStorageSync('logs', logs)
      // 登录
wx.login({
        success: res => {
            // 发送 res.code 到后台换取 openId, sessionKey, unionId
        }
      })
    },
globalData: {
userInfo: null
    }
})
```

● 小程序公共配置文件（app.json）。小程序公共配置文件也是必需配置文件，它包含的是当前小程序的全局配置，包括了小程序的所有页面路径、界面表现、网络超时时间、底部 tab 等。

QuickStart 项目中的 app.json 配置代码如下：

```
{
    "pages":[
        "pages/index/index",
        "pages/logs/logs"
    ],
    "window":{
        "backgroundTextStyle":"light",
        "navigationBarBackgroundColor": "#fff",
        "navigationBarTitleText": "Weixin",
        "navigationBarTextStyle":"black"
    },
    "style": "v2",
    "sitemapLocation": "sitemap.json"
}
```

pages 字段：用于描述当前小程序的所有页面路径，这是为了让微信客户端知道当前的小程序页面定义在哪个目录下。

window 字段：定义小程序所有页面的顶部背景颜色、文字颜色等。

● 小程序公共样式文件（app.wxss）。app.wxss 文件是针对所有页面定义的全局样式，它可以自定义样式，对样式进行扩展。如果页面重新定义了这个类样式，则会把原有的全局样式覆盖掉，使用自定义样式。app.wxss 文件可配置也可不配置。

示例如下：

```
.container {
    height: 100%;
    display: flex;
    flex-direction: column;
    align-items: center;
    justify-content: space-between;
    padding: 200rpx 0;
    box-sizing: border-box;
}
```

②项目文件。

项目文件放在 pages（项目开发）文件夹中，它由 JS 脚本逻辑、WXML 模板、JSON 配置和 WXSS 样式 4 个文件组成。为了方便开发者、减少配置项，描述页面的这 4 个文件必须具有相同的路径与文件名。

● JS 脚本逻辑文件。JS 脚本逻辑文件的后缀为 ".js"，用于页面逻辑处理。主体部分是一个函数，只有参数，没有函数体，含有很多监听函数。JS 脚本逻辑文件是必需配置文件。

● WXML 模板文件。WXML 模板文件的后缀为 ".wxml"，它是一套标签语言，结合基础组件、事件系统可以构建出页面的结构。WXML 模板文件是必需配置文件。

● JSON 配置文件。JSON 配置文件的后缀为 ".json"，用于本页面的窗口表现配置，页面中配置项会覆盖 app.json 的 window 中相同的配置项。JSON 配置文件可配置也可不配置。

JSON 配置文件的内容为一个 JSON 对象，它的属性值及描述如表 5-2 所示。

表 5-2　JSON 配置文件的属性值及描述

属性	类型	默认值	描述	最低版本
navigationBarBackgroundColor	HexColor	#000000	导航栏背景颜色，如 #000000	
navigationBarTextStyle	string	white	导航栏标题颜色，仅支持 black / white	
navigationBarTitleText	string		导航栏标题文字内容	
navigationStyle	string	default	导航栏样式，仅支持以下值： ① default 默认样式 ② custom 自定义导航栏，只保留右上角胶囊按钮。参见注①	iOS/Android 微信客户端 7.0.0，Windows 微信客户端不支持
backgroundColor	HexColor	#ffffff	窗口的背景色	
backgroundTextStyle	string	dark	下拉 loading 的样式，仅支持 dark / light	
backgroundColorTop	string	#ffffff	顶部窗口的背景色，仅 iOS 支持	微信客户端 6.5.16
backgroundColorBottom	string	#ffffff	底部窗口的背景色，仅 iOS 支持	微信客户端 6.5.16
enablePullDownRefresh	boolean	FALSE	是否开启当前页面下拉刷新 详见 Page.onPullDownRefresh	

续表

属性	类型	默认值	描述	最低版本
onReachBottom Distance	number	50	页面上拉触底事件触发时距页面底部距离，单位为 px 详见 Page.onReachBottom	
pageOrientation	string	portrait	屏幕旋转设置，支持 auto / portrait / landscape 详见响应显示区域变化	2.4.0 (auto) / 2.5.0 (landscape)
disableScroll	boolean	false	设置为 true, 则页面整体不能上下滚动 只在页面配置中有效，无法在 app.json 中设置	
usingComponents	Object	否	页面自定义组件配置	1.6.3
initialRendering Cache	string		页面初始渲染缓存配置	2.11.1
Style	string	default	启用新版的组件样式	2.10.2
singlePage	Object	否	单页模式相关配置	2.12.0

注：

① iOS/Android 客户端 7.0.0 以下版本，navigationStyle 只在 app.json 中生效。

② iOS/Android 客户端 6.7.2 版本开始，navigationStyle: custom 对 web-view 组件无效。

③ 开启 custom 后，低版本客户端需要做好兼容。

④ Windows 客户端 3.0 及以上版本，为了给用户提供更适配桌面软件的使用体验，统一了小程序窗口的导航栏，navigationStyle: custom 不再生效。

示例如下：

```
{
    "navigationBarBackgroundColor": "#ffffff",
    "navigationBarTextStyle": "black",
    "navigationBarTitleText": " 微信接口功能演示 ",
    "backgroundColor": "#eeeeee",
```

```
    "backgroundTextStyle": "light"
}
```

● WXSS 样式文件。WXSS 样式文件的后缀为 ".wxss"，它是一套样式语言，用于描述 WXML 模板的组件样式。WXSS 样式文件可配置也可不配置。

③工具类文件。

工具类文件对应一些常用的 JavaScript 工具处理。在小程序框架目录中有一个 utils 文件夹，用于存放工具类的函数，如日期格式化函数、时间格式化函数等常用函数。定义完这些函数后，要通过 module.exports 将定义的函数名称进行注册，这样才可以在其他页面上使用。

 项目实施

项目操作视频

1. 注册微信公众平台账号

（1）进入微信公众平台小程序模块。

输入网址 https://mp.weixin.qq.com/cgi-bin/wx，进入小程序管理平台。在这个小程序管理平台，开发者可以进行管理小程序的权限、查看数据报表、发布小程序等操作。

微信公众平台小程序模块首页如图 5-6 所示，在页面最下方单击"注册"按钮。

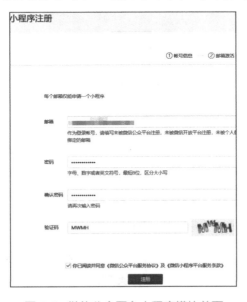

图 5-6　微信公众平台小程序模块首页

（2）系统弹出微信注册信息界面，如图 5-7 所示。根据页面要求，填写注册信息。

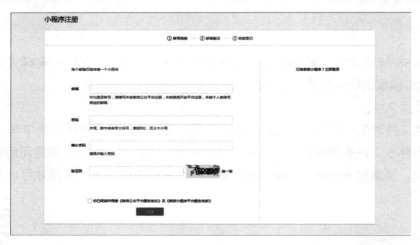

图 5-7　微信注册信息界面

（3）根据页面提示，前往注册邮箱界面，进行激活微信公众平台操作。微信注册邮箱界面如图 5-8 所示。

图 5-8　微信注册邮箱界面

（4）激活邮箱以后，进入信息登记页面，如图 5-9 所示。选择合适的主体类型，进行相关信息登记。后续操作以"个人"为主体类型进行演示，单击页面最下方的"继续"按钮继续操作。

图 5-9 信息登记页面

（5）根据提示，完成账号的申请。信息提交确认页面如图 5-10 所示。进入小程序配置页面，进行相关数据配置。

图 5-10 信息提交确认页面

登录 https://mp.weixin.qq.com，可以在菜单中选择"设置"→"开发设置"命令，在打开的开发设置界面可看到小程序的 AppID。开发设置界面如图 5-11 所示。

小程序的 AppID 相当于小程序平台的一个身份证，后续会在很多地方要用到它。

图 5-11　开发设置界面

2. 安装开发者工具

根据操作系统下载对应的开发者工具安装包进行安装。

3. 创建小程序

打开小程序开发者工具，用微信扫码登录开发者工具，创建小程序界面如图 5-12 所示。

1）创建项目

（1）选择新建项目。

（2）在"项目名称"文本框中填入自定义的项目名称。

（3）在"目录"框中选择代码存放的路径。

（4）填入刚刚申请的小程序的 AppID。

（5）在"开发模式"列表框中选择"小程序"。

（6）勾选后端服务。

- ●　"不使用云服务"：基本文件需要自己构建。
- ●　"小程序·云开发"：基本文件已经构建好，但有些不需要的文件需要修改或删除。
（7）单击"新建"按钮，小程序创建完成。

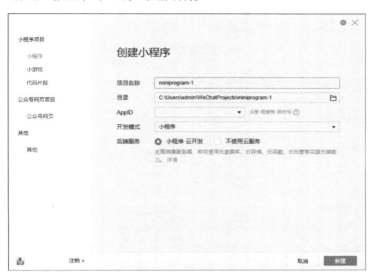

图 5-12　创建小程序界面

2）小程序开发

登录完成并正确填写 AppID 后进入开发环境界面。

在编辑器中进行代码输入，完成代码输入后，单击"编译"按钮，查看编译结果，完成代码调试。

通过调试器查看编译结果（正确、警告或错误、警告可以运行，但可能会出现崩溃等提示信息）。通过模拟器可以看到可视化的结果。

3）小程序演示

单击"预览"按钮，通过微信的"扫一扫"功能在手机上可以体验刚创建的小程序。

项目拓展

了解开发者工具中菜单栏、工具栏上每个按钮的功能，了解微信公众平台上每项设置的作用，通过开发者工具构建小程序。

项目6

开发及发布 ToDoList 小程序

项目教学 PPT

 项目情景

要想开发一个微信小程序，实现用户扫一扫或搜一下即可打开应用，开发人员应掌握项目基本架构、常用组件、页面样式、数据绑定等开发基础知识和技能，同时还需要掌握小程序发布流程。

项目分析

本项目通过制作 ToDoList 小程序，介绍小程序开发的基础知识，以及开发完成后通过部署工具实现版本管理及上线和发布。ToDoList 是一个管理待办任务的微信小程序，通过新建待办任务并生成待办任务列表实现上述功能。项目页面效果如图 6-1 所示。

图 6-1　项目页面效果

ToDoList 小程序中主要包括以下几个方面的内容：

（1）输入框，用户通过该框输入需要记录的内容。输入框效果如图 6-2 所示。

图 6-2　输入框效果

（2）"保存"按钮，用来将用户输入的内容存放到数据中去，并存储下来，方便用户

下次阅读。按钮效果如图 6-3 所示。

图 6-3　按钮效果

（3）数据展示，用来把存储的数据展示出来，方便用户很直观地在页面中能够看到。数据展示效果如图 6-4 所示。

| 123123 |
| 222221 |

图 6-4　数据展示效果

学习目标

（一）知识目标

（1）了解小程序组件基础知识；

（2）掌握 WXML 和 WXSS 的概念及用法；

（3）了解 JS 中 API 的基础知识；

（4）理解小程序的发布流程和部署的配置；

（5）掌握小程序运维和部署的相关内容；

（6）掌握开发者工具的使用方法。

（二）技能目标

（1）能够正确使用 button、input 等表单组件；

（2）能够正确使用基础 API；

（3）能够书写规范的 WXML、WXSS 和 JavaScript 程序代码；

（4）能够独立开发小程序项目。

（三）素质目标

（1）培养小程序开发的流程意识；

（2）培养团队协作意识。

任务 1　开发 ToDoList 小程序

 任务描述

根据项目任务需求，完成基础页面的搭建；使用开发者工具生成项目的结构目录，并开发主体页面；增加输入框并对数据进行绑定，增加按钮保存输入框的数据，增加列表展示保存的数据。

 知识准备

1. 小程序视图组件（view）

view 组件可以看作是一个视图容器，类似 HTML 的 div 标签的功能，主要用于进行布局展示，是布局中最基本的 UI 组件，任何一种复杂的布局都可以通过嵌套 view 组件、设置相关 WXSS 实现。view 组件支持常用的 CSS 布局属性，如 display、float、position 甚至 Flex 布局等。view 组件的常用属性及相关描述如表 6-1 所示。

表 6-1　view 组件的常用属性及相关描述

属性	类型	默认值	必填	说明	最低版本
hover-class	string	none	否	指定按下去的样式类。当 hover-class="none" 时，没有点击态效果	1.0.0
hover-stop-propagation	boolean	false	否	指定是否阻止本节点的祖先节点出现点击态	1.5.0
hover-start-time	number	50	否	按住后多久出现点击态，单位为毫秒	1.0.0
hover-stay-time	number	400	否	手指松开后点击态保留时间，单位为毫秒	1.0.0

示例如下:

```
<view class="flex-wrp" style="flex-direction:row;">
<view class="flex-item demo-text-1"></view>
<view class="flex-item demo-text-2"></view>
<view class="flex-item demo-text-3"></view>
</view>
```

如果需要使用滚动视图,请使用 scroll-view 组件。

2. scroll-view 组件

在布局过程中,常需要一些容器具备可滑动的能力,尽管可以通过给 view 组件设置 overflow:scroll 属性来实现,但由于小程序实现原理中没有 DOM 概念,所示无法直接监听 <view/> 滚动、触顶、触底等事件,这时便需要使用 scroll-view 组件。scroll-view 组件在 view 的组件基础上增加了滚动相关属性,通过设置这些属性,便能够响应滚动相关事件。scroll-view 组件的常用属性及相关描述如表 6-2 所示。

表 6-2   scroll-view 组件的常用属性及相关描述

属性	类型	默认值	说明
scroll-x	boolean	false	允许横向滚动
scroll-y	boolean	false	允许纵向滚动
upper-threshold	number	50	距顶部 / 左边多远时(单位 px)触发 scroll-toupper 事件
lower-threshold	number	50	距底部 / 右边多远时(单位 px)触发 scroll-toupper 事件
scroll-top	number		设置竖向滚动条位置
scroll-left	number		设置横向滚动条位置
scroll-into-view	string		值应为某子元素 ID,滚动到该元素时,元素顶部对齐滚动区域顶部
bindscrolltoupper	eventhandle		滚动到顶部 / 左边,会触发 scrolltoupper 事件
bindscrolltolower	eventhandle		滚动到底部 / 右边,会触发 scrolltolower 事件
bindscroll	eventhandle		滚动时触发

注：

● 使用竖条滚动时，需要给定一个固定高度，通过 WXSS 设置 height；

● 请勿在 scroll-view 中使用 textarea、map、canvas、video 组件；

● scroll-into-view 的优先级高于 scroll-top；

● 在滚动 scroll-view 时会阻止页面回弹，所以在 scroll-view 中滚动无法触发 onPullDownRefresh；

● 若要使用下拉刷新，请使用页面的滚动，而不是 scroll-view，这样也能通过点击顶部状态栏回到页面顶部。

示例如下：

```
<scroll-view style="height:{{srollHeight}}px;" scroll-y="true"
scroll-top="{{scrollTop}}">
......
</scroll-view>
```

3. 小程序表单组件——输入框 input

输入框 input 组件是原生组件，其常用属性及其描述如表 6-3 所示。

表 6-3　输入框 input 组件常用属性及其描述

属性	类型	默认值	必填	说明	最低版本
value	string		是	输入框的初始内容	1.0.0
type	string	text	否	input 的类型	1.0.0
password	boolean	false	否	是否是密码类型	1.0.0
placeholder	string		是	输入框为空时占位符	1.0.0
placeholder-style	string		是	指定 placeholder 的样式	1.0.0
placeholder-class	string	input-placeholder	否	指定 placeholder 的样式类	1.0.0
disabled	boolean	false	否	是否禁用	1.0.0
maxlength	number	140	否	最大输入长度，设置为 −1 的时候不限制最大长度	1.0.0

续表

属性	类型	默认值	必填	说明	最低版本
cursor-spacing	number	0	否	指定光标与键盘的距离，取 input 距离底部的距离和 cursor-spacing 指定的距离的最小值作为光标与键盘的距离	1.0.0

type 的合法值及描述如表 6-4 所示。

表 6-4　type 的合法值及描述

值	说明
text	文本输入键盘
number	数字输入键盘
idcard	身份证输入键盘
digit	带小数点的数字键盘

confirm-type 的合法值及描述如表 6-5 所示。

表 6-5　confirm-type 的合法值及描述

值	说明
send	右下角按钮为"发送"
search	右下角按钮为"搜索"
next	右下角按钮为"下一个"
go	右下角按钮为"前往"
done	右下角按钮为"完成"

注：
- confirm-type 的最终表现与手机输入法本身的实现有关，部分安卓系统输入法和第三方输入法可能不支持或不完全支持；
- input 组件是一个原生组件，字体是系统字体，所以无法设置 font-family；
- 在 input 聚焦期间，避免使用 CSS 动画；
- 对于将 input 封装在自定义组件中而 form 在自定义组件外的情况，form 将不能获得这个自定义组件中 input 的值。此时需要使用自定义组件的内置 behaviors wx://form-field；

● 键盘高度发生变化，keyboardheightchange 事件可能会多次触发，开发者对于相同的 height 值应该忽略掉；

● 微信版本 6.3.30, focus 属性设置无效；

● 微信版本 6.3.30, placeholder 在聚焦时出现重影问题。

WXML 代码示例如下：

```
<view class="weui-cells__title">实时获取输入值: {{inputValue}}</view>
<view class="weui-cells weui-cells_after-title">
<view class="weui-cell weui-cell_input">
<input class="weui-input" maxlength="10" bindinput="bindKeyInput"
placeholder="输入同步到 view 中"/>
</view>
</view>
```

JavaScript 代码示例如下：

```
Page({
    data: {
inputValue: ''
    },
bindKeyInput: function (e) {
this.setData({
inputValue: e.detail.value
        })
    },
})
```

4. 小程序表单组件——按钮 button

按钮 button 组件常用属性及其描述如表 6-6 所示。

表 6-6　按钮 button 组件常用属性及其描述

属性	类型	默认值	必填	说明	最低版本
size	string	default	否	按钮的大小	1.0.0
type	string	default	否	按钮的样式类型	1.0.0
plain	boolean	false	否	按钮是否镂空、背景色透明	1.0.0
disabled	boolean	false	否	是否禁用	1.0.0
loading	boolean	false	否	名称前是否带 loading 图标	1.0.0
form-type	string		否	用于 form 组件，点击会触发 form 组件的 submit/reset 事件	1.0.0
open-type	string		否	微信开放能力	1.1.0
hover-class	string	button-hover	否	指定按钮按下去的样式类。当 hover-class="none" 时，没有点击态效果	1.0.0
hover-stop-propagation	boolean	false	否	指定是否阻止本节点的祖先节点出现点击态	1.5.0
hover-start-time	number	20	否	按住后多久出现点击态，单位为毫秒	1.0.0
hover-stay-time	number	70	否	手指松开后点击态保留时间，单位为毫秒	1.0.0
lang	string	en	否	指定返回用户信息的语言：zh_CN 简体中文、zh_TW 繁体中文、en 英文	1.3.0
session-from	string		否	会话来源，open-type="contact" 时有效	1.4.0
send-message-title	string	当前标题	否	会话内消息卡片标题，open-type="contact" 时有效	1.5.0
send-message-path	string	当前分享路径	否	会话内消息卡片点击跳转小程序路径，open-type="contact" 时有效	1.5.0
send-message-img	string	截图	否	会话内消息卡片图片，open-type="contact" 时有效	1.5.0

续表

属性	类型	默认值	必填	说明	最低版本
app-parameter	string		否	打开 App 时，向 App 传递的参数，open-type=launchApp 时有效	1.9.5
show-message-card	boolean	false	否	是否显示会话内消息卡片，设置此参数为 true，用户进入客服会话会在右下角显示"可能要发送的小程序"提示，用户点击后可以快速发送小程序消息，open-type="contact" 时有效	1.5.0
bindgetuserinfo	eventhandle		否	用户点击该按钮时，会返回获取到的用户信息，回调的 detail 数据与 wx.getUserInfo 返回的一致，open-type="getUserInfo" 时有效	1.3.0
bindcontact	eventhandle		否	客服消息回调，open-type="contact" 时有效	1.5.0
bindgetphonenumber	eventhandle		否	获取用户手机号回调，open-type=getPhoneNumber 时有效	1.2.0
binderror	eventhandle		否	当使用开放能力时，发生错误的回调，open-type=launchApp 时有效	1.9.5
bindopensetting	eventhandle		否	在打开授权设置页后回调，open-type=openSetting 时有效	2.0.7
bindlaunchapp	eventhandle		否	打开 App 成功地回调，open-type=launchApp 时有效	2.4.4

size 的合法值及其描述如表 6-7 所示。

表 6-7　size 的合法值及其描述

值	说明
default	默认大小
mini	小尺寸

type 的合法值及其描述如表 6-8 所示。

表 6-8　type 的合法值及其描述

值	说明
primary	绿色
default	白色
warn	红色

open-type 的合法值及其描述如表 6-9 所示。

表 6-9　open-type 的合法值及其描述

值	说明	最低版本
contact	打开客服会话，如果用户在会话中点击消息卡片后返回小程序，可以从 bindcontact 回调中获得具体信息、具体说明（小程序插件中不能使用）	1.1.0
share	触发用户转发，使用前建议先阅读使用指引	1.2.0
getPhoneNumber	获取用户手机号，可以从 bindgetphonenumber 回调中获取用户信息、具体说明（小程序插件中不能使用）	1.2.0
getUserInfo	获取用户信息，可以从 bindgetuserinfo 回调中获取用户信息（小程序插件中不能使用）	1.3.0
launchApp	打开 App，可以通过 app-parameter 属性设置向 App 传递的参数具体说明	1.9.5
openSetting	打开授权设置页	2.0.7
feedback	打开"意见反馈"页面，用户可提交反馈内容并上传日志，开发者可以登录小程序管理后台进入左侧菜单"客服反馈"页面获取反馈内容	2.1.0

注：

● button-hover 默认为 "{background-color: rgba(0, 0, 0, 0.1); opacity: 0.7;}"。

● bindgetphonenumber 从 1.2.0 版本开始支持，但是在 1.5.3 以下版本中无法使用 wx.canIUse 进行检测，建议使用基础库版本进行判断。

● 在 bindgetphonenumber 等返回加密信息的回调中调用 wx.login 登录，可能会刷新登录态。此时服务器使用 code 换取的 sessionKey 不是加密时使用的 sessionKey，导致解密失败。建议开发者提前进行 login，或者在回调中先使用 checkSession 进行登录态检查，避免 login 刷新登录态。

● 从 2.1.0 版本开始，button 可作为原生组件的子节点嵌入，以便在原生组件上利用 open-type 的功能；

● 目前设置了 form-type 的 button 只会对当前组件中的 form 有效。因而，将 button 封装在自定义组件中，而 form 在自定义组件外，将会使这个 button 的 form-type 失效。

WXML 代码示例如下：

```
<button type="primary" plain="true">按钮</button>
<button type="primary" disabled="true" plain="true">不可单击的按钮/button>
```

5. 小程序 WXML——页面传参 wx:for

微信小程序是一个以 JavaScript 和 WXML 端交互为主的前端设计，因此大部分小程序都需要将 JavaScript 端的参数传递到 WXML 端，以及通过 WXML 端调用参数到 JavaScript 端。页面传参 wx:for 就是实现交互过程中的一个核心功能，在组件上使用 wx:for 控制属性绑定一个数组，即可使用数组中各项的数据重复渲染该组件。

（1）默认数组的当前项的下标变量名默认为 index，数组当前项的变量名默认为 item。

WXML 代码示例如下：

```
<view wx:for="{{array}}">
    {{index}}: {{item.message}}
</view>
```

JavaScript 代码示例如下：

```
Page({
    data: {
        array: [{
            message: 'foo',
        }, {
            message: 'bar'
```

```
        }]
    }
})
```

（2）使用 wx:for-item 可以指定数组当前元素的变量名，使用 wx:for-index 可以指定数组当前下标的变量名。

示例如下：

```
<view wx:for="{{array}}" wx:for-index="idx" wx:for-item="itemName">
    {{idx}}: {{itemName.message}}
</view>
```

（3） wx:for 也可以嵌套。以九九乘法表为例，实现代码如下：

```
<view wx:for="{{[1, 2, 3, 4, 5, 6, 7, 8, 9]}}" wx:for-item="i">
<view wx:for="{{[1, 2, 3, 4, 5, 6, 7, 8, 9]}}" wx:for-item="j">
<view wx:if="{{i<= j}}">
    {{i}} * {{j}} = {{i * j}}
</view>
</view>
</view>
```

注：如果列表中项目的位置会动态改变或者有新的项目添加到列表中，并且希望列表中的项目保持自己的特征和状态（如 input 中的输入内容、switch 的选中状态），需要使用 wx:key 来指定列表中项目的唯一的标识符。

wx:key 的值以以下两种形式提供：

● 字符串，代表在 for 循环的 array 中 item 的某个 property，该 property 的值需要是列表中唯一的字符串或数字，且不能动态改变。

● 保留关键字 *this, 代表在 for 循环中的 item 本身，这种表示需要 item 本身是一个唯一的字符串或者数字。

当数据改变触发渲染层重新渲染的时候，会校正带有 key 的组件，框架会确保它们被重新排序，而不是重新创建，以确保使组件保持自身的状态，并且提高列表渲染时的效率。

如不提供 wx:key，会报一个 warning，如果明确知道该列表是静态，或者不必关注其顺序，可以选择忽略。

示例如下：

```
<switch wx:for="{{objectArray}}" wx:key="unique" style="display:
block;"> {{item.id}} </switch>
```

6. 小程序 WXSS

WXSS (WeiXin Style Sheets) 是一套样式语言，用于描述 WXML 的组件样式。

WXSS 具有 CSS 大部分的特性，但仅支持部分 CSS 选择器。小程序对 WXSS 做了一些扩充和修改，新增了尺寸单位和样式导入。

（1）尺寸单位

在编写 CSS 样式时，开发者需要考虑到手机设备的屏幕会有不同的宽度和像素比，采用一些技巧来换算一些像素单位。WXSS 在底层支持新的尺寸单位 rpx，开发者可以免去换算的烦恼，只要交给小程序底层来换算即可，由于换算采用的是浮点数运算，所以运算结果会和预期结果有一点点偏差。

（2）样式导入

JavaScript 提供了全局样式和局部样式。和前面所述 app.json、page.json 的概念相同，可以编写一个 app.wxss 作为全局样式，作用于当前小程序的所有页面，局部页面样式 page.wxss 仅对当前页面生效。

7. JavaScript 中的 Page () 函数

Page() 函数用于注册小程序中的一个页面，它可以接受一个 Object 类型的参数，其指定页面的初始数据、生命周期回调、事件处理函数等。Object 类型参数的属性及其描述如表 6-10 所示。

表 6-10　Object 类型参数的属性及其描述

属性	类型	说明
data	Object	页面的初始数据
Options	Object	页面的组件选项，同 Component 构造器中的 options，需要基础库版本 2.10.1

续表

属性	类型	说明
onLoad	function	生命周期回调——监听页面加载
onShow	function	生命周期回调——监听页面显示
onReady	function	生命周期回调——监听页面初次渲染完成
onHide	function	生命周期回调——监听页面隐藏
onUnload	function	生命周期回调——监听页面卸载
onPullDownRefresh	function	监听用户下拉动作
onReachBottom	function	页面上拉触底事件的处理函数
onShareAppMessage	function	用户点击右上角转发
onShareTimeline	function	用户点击右上角转发到朋友圈
onAddToFavorites	function	用户点击右上角收藏
onPageScroll	function	页面滚动触发事件的处理函数
onResize	function	页面尺寸改变时触发，详见响应显示区域变化
onTabItemTap	function	当前是 tab 页时，点击 tab 时触发
其他	any	开发者可以添加任意的函数或数据到 Object 参数中，在页面的函数中用 this 可以访问

示例如下:

```
Page({
    data: {
        text: "页面数据"
    },
onLoad: function(options) {
    // 加载页面时执行初始化
    },
onShow: function() {
    // 页面显示时执行
    },
onReady: function() {
    // 页面准备好执行
```

```
    },
  onHide: function() {
      // 页面隐藏时执行
    },
  onUnload: function() {
      // 页面关闭时执行
    },
  onPullDownRefresh: function() {
      // 页面拉下来执行
    },
  onReachBottom: function() {
      // 页面到达底部执行
    },
  onShareAppMessage: function () {
      // 用户点击分享执行
    }
})
```

8. JavaScript 交互

一个服务仅仅只有界面展示是不够的，还需要和用户做交互，如响应用户的点击、获取用户的位置等。在小程序里边，通过编写 JS 脚本文件来处理用户的操作。

示例如下：

```
<view>{{ msg }}</view>
<button bindtap="clickMe"> 点击我 </button>
```

单击 button 按钮时，若要把界面上 MSG 显示成"Hello World"，可以在 button 上声明一个 bindtap 属性，在 JS 文件里声明 clickMe 方法来响应这次点击操作。

实现代码如下：

```
Page({
clickMe: function() {
this.setData({ msg: "Hello World" })
}
})
```

9. 小程序 API——setData 函数

修改 page 中的 data 数据是通过 this.setData 进行修改的，setData 函数用于将数据从逻辑层发送到视图层（异步），同时改变对应的 this.data 的值（同步）。

示例如下：

```
Page({
    data: {
        text: '123'
    },
onShow: function() {
this.setData({
        text: '456'
    })
    console.log(this.data.text)
    }
})
```

注：

● 直接修改 this.data 而不调用 this.setData 是无法改变页面状态的，还会造成数据不一致；

● 仅支持设置可 JSON 化的数据；

● 单次设置的数据不能超过 1024kB，请尽量避免一次设置过多的数据；

● 请不要把 data 中任何一项的 value 设为 undefined，否则这一项将不被设置并可能遗留一些潜在问题。

任务实施

1. 初始化

1）使用微信开发者工具创建默认项目

启动微信开发者工具，使用微信扫码登录，选中小程序项目下的小程序菜单，单击加号，选择新建项目，输入项目名称和 AppID。

2）删除 logs 模块

删除 page 文件夹下的 logs 文件夹，删除 page.json 文件中的 pages 项的 page/login/login，单击"编译"按钮。

任务操作视频

3）删除 index 的内容

（1）index.wxml。

只需要保留最外层的 view 即可，会在下面添加新的内容。

实现代码如下：

```
<!--index.wxml-->
<view class="container">
</view>
```

（2）index.wxss。

删除全 index.wxss 内的全部内容。

（3）index.js。

删除 data 里面的内容，保留 const app = getApp() 和 page({data: {}})，const app = getApp() 是初始化应用实例的。Page 是写页面调用的方法的，date 是用来存储页面的数据的。

实现代码如下：

```
const app = getApp()
Page({
    data: {
    },
})
```

2. 添加输入框

1）index.wxml

在 index.wxml 中添加输入框，设置一个 class，方便在 WXSS 中设置样式，设置一个提示信息"输入事项"，并设置一个输入框事件 bindinput "changeStr"，绑定一个 value 值"addStr"。

示例如下：

```
<view class="send">
<input class='input' placeholder='输入事项 ' bindinput='changeStr' value
```

```
='{{addStr}}'></input>
   </view>
```

2）index.wxss

对 WXML 中 class 为 input 的输入框设置样式，注意一定要加边框，因为小程序中的输入框是没有边框的；小程序中的输入框是块元素，因为旁边要添加一个按钮，所以设置了 inline-block。

实现代码如下：

```
.input {
    display: inline-block;
    border: 1px solid rgba(0, 0, 0, 0.6);
    height: 80rpx;
    margin-right: 10rpx;
    font-size: 25rpx;
    padding-left: 20rpx;
}
```

3）index.js

在 JavaScript 中把事件名 changeStr 设置为和 data 同级，在方法里面有个 e 参数，这个 e 里面就有输入框的值，然后赋给 data 里面的 addStr，注意赋值时和 JavaScript 还是有区别的，在小程序中赋值给 data 里面的数据时，都是通过 this.setData 来进行设置的。

实现代码如下：

```
const app = getApp()

Page({
    data: {
addStr: ''
    },
changeStr: function(e) {
        console.log(e)
        console.log(e.detail.value)
this.setData({
```

```
addStr: e.detail.value
      })
   },
})
```

3. 添加保存按钮

1）index.wxml

在 input 标签同级别的地方添加 button 标签，设置 type 类型为 primary（其实就是 button 的样式，也可以为其他样式，default 为白色，warn 为红色，当然也可以通过 WXSS 样式改变），定义一个按钮按下的事件，其名字为"on_sendMsg"。

实现代码如下：

```
<button type="primary" bindtap="on_sendMsg">保存</button>
```

2）index.wxss

设置 button 的样式，因为 button 和 input 并列放置，所以要修改 button 父级元素 send 的样式为 display:flex；由于设置了 display:flex，因此在子元素设置宽度时，可以用 flex 进行设置。

实现代码如下：

```
.send {
    display: flex;
    align-items: center;
}
button {
    text-align: center;
    height: 80rpx;
    flex: 1;
    font-size: 30rpx;
    line-height: 80rpx;
}
```

3）index.js

把按钮的事件名写到 page 里面去，先获取 data 里面数组 list 的数据，然后把输入框里面的数据添加到 list 中去，再赋值给 data 里面的数组 list。

实现代码如下：

```
data: { // 数据放置的位置
addStr: '',
    list: []
},
on_sendMsg: function(){
var list = this.data.list
list.push(this.data.addStr)
this.setData({
        list: list,
addStr: ''
    })
}
```

4. 把 list 存储的数据展示在页面

1）index.wxml

在 WXML 中添加循环，把 list 的数据进行循环，然后用 item 把里面的值取出来并展示。由于不涉及数据的操作，只需要设置样式即可。设置中主要使用 wx:for 及 wx:for-item。

实现代码如下：

```
<view class="textMsg">------消息如下---------</view>
<view>
<view wx:for="{{list}}" wx:key="index" class="content">
<view class="item">{{item}}</view>
</view>
</view>
```

2）index.wxss

对列表进行样式设置，方便区分和观察数据，主要是为了满足用户观看的舒适性。

实现代码如下：

```
.textMsg {
    text-align: center;
    margin: 20rpx 0rpx;
    color: #999;
    font-size: 28rpx;
}
.item {
    font-size: 30rpx;
    width: 670rpx;
    padding: 20rpx;
    border-bottom: 1px dashed #ddd;
}
```

页面展示效果如图 6-5 所示。

图 6-5　页面展示效果

5. 完整代码展示

1）index.wxml 文件

在 WXML 中设置输入框、按钮和列表的展示功能。

实现代码如下：

```
<view class="send">
<input class='input' placeholder='输入事项' bindinput='changeStr'
value='{{addStr}}'></input>
<button type="primary" bindtap="on_sendMsg">保存</button>
</view>
<view class=" textMsg" >------消息如下---------</view>
<view>
<view wx:for="{{list}}" wx:key="index" class="content">
<view class="item">{{item}}</view>
</view>
</view>
```

2）index.js 文件

JavaScript 页面主要是对数据和逻辑进行处理，如添加数据、事件的处理、数据的修改等。

实现代码如下：

```
const app = getApp()

Page({
    data: {
addStr: ",
        list: []
    },
changeStr: function(e) {
        console.log(e)
        console.log(e.detail.value)
this.setData({
addStr: e.detail.value
        })
    },
on_sendMsg: function(){
```

```
var list = this.data.list
list.push(this.data.addStr)
this.setData({
        list: list,
addStr: "
    })
  }
})
```

3）index.wxss 文件

实现代码如下：

```
.input {
    display: inline-block;
    border: 1px solid rgba(0, 0, 0, 0.6);
    height: 80rpx;
    margin-right: 10rpx;
    font-size: 25rpx;
    flex: 4;
    padding-left: 20rpx;
}
.send {
    display: flex;
    align-items: center;
}
button {
    text-align: center;
    height: 80rpx;
    flex: 1;
    font-size: 30rpx;
    line-height: 80rpx;
}
.textMsg {
    text-align: center;
    margin: 20rpx 0rpx;
    color: #999;
    font-size: 28rpx;
```

```
}
.item {
    font-size: 30rpx;
    width: 670rpx;
    padding: 20rpx;
    border-bottom: 1px dashed #ddd;
}
```

任务 2　发布 ToDoList 小程序

 **任务描述**

通过使用开发者工具和微信公众平台，把开发好的 **ToDoList** 小程序项目部署到线上环境，让用户扫一扫或搜一下即可打开应用。

知识准备

1. 微信公众平台小程序发布流程

微信公众平台提供了对小程序生命周期的管理，包括账号申请、开发工具下载、版本管理及发布上线。

1）简介

微信公众平台分为菜单和主体两个部分，主体部分包括首页、管理、功能、开发、成长、推广、设置 7 个模块。菜单包括文档、社区、工具、消息、账户 5 个菜单项。在主体部分常用的是管理和开发，消息菜单项用于接收发布结果。微信公众平台界面如图 **6-6**所示。

2）管理

管理是对发布版本、项目成员、用户对小程序体验反馈的管理。一般开发人员和运维人员使用版本管理，管理员可以用成员管理对开发、测试、运维人员进行管理。开发和运维人员使用发布管理，对小程序进行发布。微信版本管理界面如图 **6-7** 所示。

3）开发

开发模块包括开发管理、开发工具和云开发 3 个功能项。

开发管理是对开发过程中使用到的运维日志、监控警告、开发设置、接口设置、安全中心进行管理。开发设置含有服务器的配置信息，并可以设置普通链接打开小程序等。开发管理界面如图 6-8 所示。

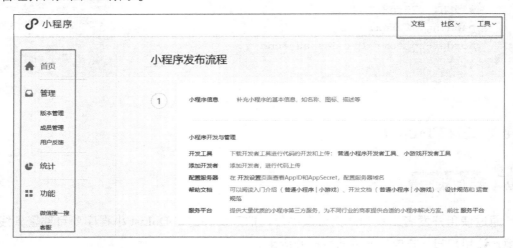

图 6-6　微信公众平台界面

图 6-7　微信版本管理界面

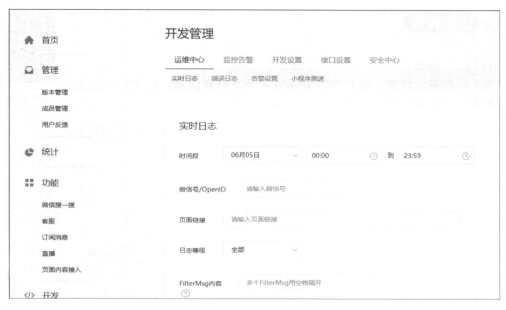

图 6-8　开发管理界面

4）统计

统计模块的功能是进行微信小程序的使用统计，用于追踪用户的使用情况，便于分析用户群体。统计管理界面如图 6-9 所示。

图 6-9　统计管理界面

任务实施

1. 开发者工具使用

（1）项目开发结束，填写开发介绍或者版本修复问题。注意第一次的版本是 1.0.0。开发上传设置界面如图 6-10 所示。

任务操作视频

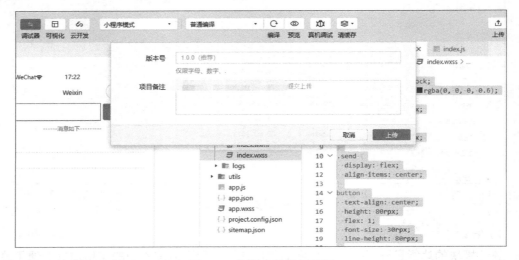

图 6-10　开发上传设置界面

（2）单击"上传"按钮，出现如图 6-11 所示开发上传界面，单击"确定"按钮，将代码提交到小程序的开发版本里面。

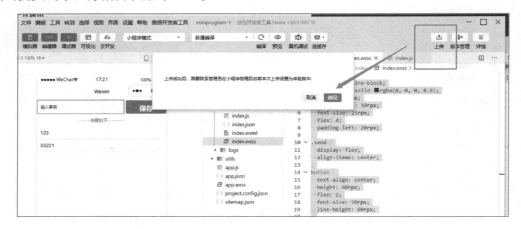

图 6-11　开发上传界面

2. 微信公众平台操作

1）部署测试版本

开发者工具提交的代码上传到微信公众平台，依次打开管理→版本管理→开发版本，此时可以把二维码分享给测试人员进行测试；并可以取消体验和修改页面路径，以及删除该版本。部署测试版本界面如图 6-12 所示。

图 6-12　部署测试版本界面

2）审核版本

对于测试通过的开发版本，可以提交微信团队进行审核。提交审核版本界面如图 6-13 所示。

图 6-13　提交审核版本界面

（1）提交审核。

① 版本描述，可以简单书写。

② 图片预览，要详细展示每个页面的功能和说明，避免因微信团队误操作导致审核不通过。

③ 视频预览，图片预览无法完全说明的最好使用视频预览进行介绍。

（2）审核通过。

审核版本通过界面如图 6-14 所示。

图 6-14　审核版本通过界面

审核通过后就可以直接进行发布，也可以不进行发布，也可以进行其他操作。

3）线上版本

线上版本就是用微信搜索能搜索到的小程序，可以对线上版本进行回退到上一个版本和暂停服务操作。线上版本管理界面如图 6-15 所示。

图 6-15　线上版本管理界面

 项目拓展

运行一些微信开发文档提供的代码片段，更好地去了解各个组件和 API 的用法。并把一些代码片段运用到本项目中去，让项目的功能更加丰富多彩。

项目 **7**

制作扩展版 ToDoList 小程序

项目教学 PPT

项目情景

　　微信小程序提供了大量基础 **API** 和组件，方便开发人员使用。同时，小程序云开发为开发者提供完整的云端支持，可实现快速上线和迭代，一个人就可完成小程序的前后端开发。

　　本项目主要内容分为两个部分，一是简易 **ToDoList** 小程序扩展，包括添加新增页面、详情页面、列表页面，以此介绍小程序开发的基础知识；二是基于云开发制作 **ToDoList** 小程序，讲解小程序云开发资源管理的基本思路。

项目分析

　　在 **ToDoList** 小程序中可添加新增页面、详情页面和列表页面，其中新增页面用于添加消息的标题和内容，并存储添加的内容；详情页面用于展示消息的详情信息；列表页面是展示消息的标题和进入详情页面、新增页面的入口。项目设计页面如图 7-1 所示。

图 7-1　项目设计页面

完成程序扩展，需要进行下面两步操作。

　1）列表的实现

首先实现各种列表功能。列表是对数据的展示，并且要在小程序中大量使用。列表一

般通过 **wx:for** 来进行循环数据展示。列表设计页面如图 7-2 所示。

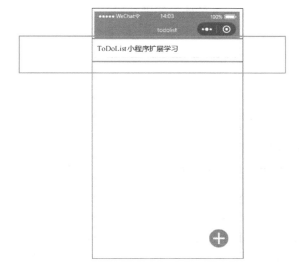

图 7-2 列表设计页面

2）数据的添加

数据的添加主要是通过小程序的表单组件完成的，表单组件不止有输入框，还有滚动选择框（**picker**）、选择开关（**switch**）、多选框（**checkbox**）、单选框（**radio**）等组件来实现数据的添加、用户的选择等功能。数据添加页面如图 7-3 所示。

图 7-3 数据添加页面

基于云开发制作 ToDoList 小程序任务，采用云开发工具开发 ToDoList 小程序，搭建前后台接口，让 ToDoList 小程序具备使用云端功能。

学习目标

（一）知识目标

（1）熟练掌握 WXML 语法；

（2）熟练掌握 WXML 组件；

（3）掌握小程序 setNavigationBarTitle、navigateTo 等 API 的使用方法；

（4）熟练掌握 WXSS 语法；

（5）熟悉利用开发者工具创建云开发项目的流程；

（6）掌握小程序云开发 API 的相关知识；

（7）掌握云数据库 API 的相关知识。

（二）技能目标

（1）能够正确使用 WXML 语法；

（2）能够正确使用 image、text、textarea 等组件；

（3）能够正确运用小程序 API；

（4）能够熟练掌握 WXSS 语法；

（5）能够开发小程序云开发项目，掌握云开发的流程；

（6）能够通过云数据库 API 操作云数据库，对数据库进行增、删、改、查操作。

（三）素质目标

（1）培养独立开发小程序云开发和云数据库操作的规范意识；

（2）具备小程序云开发资源管理能力。

任务 1　扩展 ToDoList 小程序功能

任务描述

首先根据项目任务需求，用开发者工具创建项目，并初始化项目，完成列表页面、内容（新增）页面和详情页面的搭建及开发。

1. 列表页面

列表页面分为两部分。

第一部分是展示已经记录的信息列表。列表用来展示已存储在本地的信息的标题，并且是消息详情的入口。列表页面 1 效果如图 7-4 所示。

第二部分是添加内容页面的入口。添加按钮，该按钮是进入添加内容页面的入口。列表页面 2 效果如图 7-5 所示。

图 7-4　列表页面 1 效果　　　　图 7-5　列表页面 2 效果

2. 添加内容页面

添加内容页面包括以下两个部分。

第一部分是表单部分，用来添加标题和内容，通过输入框、文本框进行实现。添加内容页面 1 效果如图 7-6 所示。

图 7-6　添加内容页面 1 效果

第二部分是提交按钮，把添加的内容存储在本地，用来在列表和详情中进行展示。添加内容页面 2 效果如图 7-7 所示。

发布

图 7-7　添加内容页面 2 效果

3. 详情页面

详情页面是把当前选中的数据进行展示。上面是消息标题和发布日期，下面是把消息的内容进行展示。详情页面效果如图 7-8 所示。

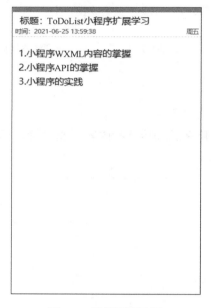

标题：ToDoList小程序扩展学习
时间：2021-06-25 13:59:38　　　　　　　　　　　　　　周五

1.小程序WXML内容的掌握
2.小程序API的掌握
3.小程序的实践

图 7-8　详情页面效果

知识准备

1. WXML 语法

WXML（WeiXin Markup Language）是框架设计的一套标签语言，结合基础组件、事件系统，可以构建出页面的结构。下面通过示例介绍 WXML 的基础用法和功能。

1）数据绑定功能

示例如下：

```
<!--wxml-->
<view> {{message}} </view>
// page.js
Page({
    data: {
        message: 'Hello MINA!'
    }
})
```

2）列表渲染功能

示例如下:

```
<!--wxml-->
<view wx:for="{{array}}"> {{item}} </view>
// page.js
Page({
    data: {
        array: [1, 2, 3, 4, 5]
    }
})
```

3）条件渲染功能

示例如下:

```
<!--wxml-->
<view wx:if="{{view == 'WEBVIEW'}}"> WEBVIEW </view>
<view wx:elif="{{view == 'APP'}}"> APP </view>
<view wx:else="{{view == 'MINA'}}"> MINA </view>
// page.js
Page({
    data: {
        view: 'MINA'
    }
})
```

2. WXML 内容组件——text（文本）标签

在使用小程序时，要通过长按文字复制文字内容，就要把该内容写入 <text> 标签。<text> 标签的功能类似 HTML 里面的 span 标签。<text> 标签常用属性及相关描述如表 7-1 所示。

表 7-1　<text> 标签常用属性及相关描述

属性	类型	默认值	必填	说明	最低版本
selectable	boolean	false	否	文本是否可选 (已废弃)	1.1.0
user-select	boolean	false	否	文本是否可选，该属性会使文本节点显示为 inline-block	2.12.1
space	string		否	显示连续空格	1.4.0
decode	boolean	false	否	是否解码	1.4.0

示例如下：

```
<view class="text-box" scroll-y="true" scroll-top="{{scrollTop}}">
<text>todolist 小程序扩展 </text>
</view>
```

注：
- decode 可以解析的有 " <>&' "；
- 各个操作系统的空格标准并不一致；
- text 组件内只支持 text 嵌套；
- 除了文本节点以外的其他节点都无法长按选中；
- 基础库版本低于 2.1.0 时，text 组件内嵌的 textstyle 设置可能不会生效。

3. WXML 内容组件——image（图片）标签

标签支持 JPG、PNG、SVG、WEBP、GIF 等格式，2.3.0 版本起支持云文件 ID。<image> 标签常用属性及相关描述如表 7-2 所示。mode 的合法值及相关描述如表 7-3 所示。

表7-2 <image> 标签常用属性及相关描述

属性	类型	默认值	必填	说明	最低版本
src	string		否	图片资源地址	1.0.0
mode	string	scale ToFill	否	图片裁剪、缩放的模式	1.0.0
webp	boolean	false	否	默认不解析 WEBP 格式，只支持网络资源	2.9.0
lazy-load	boolean	false	否	图片懒加载，在即将进入一定范围（上下三屏）时才开始加载	1.5.0
show-menu-by-longpress	boolean	false	否	开启长按图片显示识别小程序码菜单	2.7.0
binderror	eventhandle		否	当错误发生时触发，event.detail = {errMsg}	1.0.0
bindload	eventhandle		否	当图片载入完毕时触发，event.detail = {height, width}	1.0.0

表7-3 mode 的合法值及相关描述

值	说明	最低版本
scaleToFill	缩放模式，不保持纵横比缩放图片，使图片的宽高完全拉伸至填满 image 元素	
aspectFit	缩放模式，保持纵横比缩放图片，使图片的长边能完全显示出来。也就是说，可以完整地将图片显示出来	
aspectFill	缩放模式，保持纵横比缩放图片，只保证图片的短边能完全显示出来。也就是说，图片通常只在水平或垂直方向上是完整的，另一个方向将会发生截取	
widthFix	缩放模式，宽度不变，高度自动变化，保持原图宽高比不变	
heightFix	缩放模式，高度不变，宽度自动变化，保持原图宽高比不变	2.10.3
top	裁剪模式，不缩放图片，只显示图片的顶部区域	
bottom	裁剪模式，不缩放图片，只显示图片的底部区域	
center	裁剪模式，不缩放图片，只显示图片的中间区域	

续表

值	说明	最低版本
left	裁剪模式，不缩放图片，只显示图片的左边区域	
right	裁剪模式，不缩放图片，只显示图片的右边区域	
top left	裁剪模式，不缩放图片，只显示图片的左上区域	
top right	裁剪模式，不缩放图片，只显示图片的右上区域	
bottom left	裁剪模式，不缩放图片，只显示图片的左下区域	
bottom right	裁剪模式，不缩放图片，只显示图片的右下区域	

示例如下：

```
<view>
<image mode="scaleToFill" src='https://res.wx.qq.com/wxdoc/dist/
assets/img/0.4cb08bb4.jpg'></image>
<image mode="aspectFit" src='https://res.wx.qq.com/wxdoc/dist/assets/
img/0.4cb08bb4.jpg'></image>
<image mode="aspectFill" src='https://res.wx.qq.com/wxdoc/dist/assets/
img/0.4cb08bb4.jpg'></image>
<image mode="top" src='https://res.wx.qq.com/wxdoc/dist/assets/
img/0.4cb08bb4.jpg'></image>
<image mode="center" src='https://res.wx.qq.com/wxdoc/dist/assets/
img/0.4cb08bb4.jpg'></image>
</view>
```

注：

● image 组件默认宽度为 320px，高度为 240px；

● image 组件中二维码/小程序码图片不支持长按识别，仅在 wx.previewImage 中支持长按识别。

4.WXML 表单组件——多行输入框 textarea

textarea 组件是原生组件，使用时请注意相关限制。textarea 组件常用属性及相关描述如表 7-4 所示。

表 7-4　**textarea 组件常用属性及相关描述**

属性	类型	默认值	必填	说明	最低版本
value	string		否	输入框的内容	1.0.0
placeholder	string		否	输入框为空时占位符	1.0.0
placeholder-style	string		否	指定 placeholder 的样式,目前仅支持 color、font-size 和 font-weight	1.0.0
placeholder-class	string	textarea-placeholder	否	指定 placeholder 的样式类	1.0.0
disabled	boolean	###	否	是否禁用	1.0.0
maxlength	number	140	否	最大输入长度,设置为 −1 的时候不限制最大长度	1.0.0
auto-focus	boolean	###	否	自动聚焦,拉起键盘	1.0.0
focus	boolean	###	否	获取焦点	1.0.0
auto-height	boolean	###	否	是否自动增高,设置 auto-height 时,style.height 不生效	1.0.0
fixed	boolean	###	否	如果 textarea 是在一个 position: fixed 的区域,需要显示指定属性 fixed 为 true	1.0.0
cursor-spacing	number	0	否	指定光标与键盘的距离。取 textarea 距底部的距离和 cursor-spacing 指定的距离的最小值作为光标与键盘的距离	1.0.0
cursor	number	−1	否	指定 focus 时的光标位置	1.5.0
show-confirm-bar	boolean	###	否	是否显示键盘上方带有"完成"按钮那一栏	1.6.0
selection-start	number	−1	否	光标起始位置,自动聚集时有效,需与 selection-end 搭配使用	1.9.0
selection-end	number	−1	否	光标结束位置,自动聚集时有效,需与 selection-start 搭配使用	1.9.0
adjust-position	boolean	###	否	键盘弹起时,是否自动上推页面	1.9.90

续表

属性	类型	默认值	必填	说明	最低版本
hold-keyboard	boolean	###	否	聚焦时，点击页面的时候不收起键盘	2.8.2
disable-default-padding	boolean	###	否	是否去掉 iOS 下的默认内边距	2.10.0
confirm-type	string	return	否	设置键盘右下角按钮的文字	2.13.0
confirm-hold	boolean	###	否	点击键盘右下角按钮时是否保持键盘不收起	2.16.0
bindfocus	eventhandle		否	输入框聚焦时触发，event.detail = { value, height }，height 为键盘高度，基础库 1.9.90 版本起支持	1.0.0
bindblur	eventhandle		否	输入框失去焦点时触发，event.detail = {value, cursor}	1.0.0
bindlinechange	eventhandle		否	输入框行数变化时调用，event.detail = {height: 0, heightRpx: 0, lineCount: 0}	1.0.0
bindinput	eventhandle		否	当键盘输入时，触发 input 事件，event.detail = {value, cursor, keyCode}，keyCode 为键值，目前工具还不支持返回 keyCode 参数。bindinput 处理函数的返回值并不会反映到 textarea 上	1.0.0
bindconfirm	eventhandle		否	点击完成时，触发 confirm 事件，event.detail = {value: value}	1.0.0
bindkeyboardheightchange	eventhandle		否	键盘高度发生变化的时候触发此事件，event.detail = {height: height, duration: duration}	2.7.0

示例如下：

```
<view class="section">
<textarea bindblur="bindTextAreaBlur" auto-height placeholder="自动变高" />
```

```
</view>
<view class="section">
<textarea placeholder=" 这是一个可以自动聚焦的 textarea" auto-focus />
</view>
```

注：

● textarea 的 blur 事件会晚于页面上的 tap 事件，如果需要在 button 的点击事件获取 textarea，可以使用 form 的 bindsubmit；

● 不建议在多行文本上对用户的输入进行修改，所以 textarea 的 bindinput 处理函数并不会将返回值反映到 textarea 上；

● 键盘高度发生变化，keyboardheightchange 事件可能会多次触发，开发者对于相同的 height 值应该忽略掉；

● 微信版本 6.3.30，textarea 在列表渲染时，新增加的 textarea 在自动聚焦时的位置计算错误。

5. wx.navigateTo

wx.navigateTo 可以实现保留当前页面，跳转到应用内的某个页面的功能，但是不能跳到 tabbar 页面。小程序中页面栈最多为十层。

wx.navigateTo 的常用属性及相关描述如表 7-5 所示。success 回调函数的属性及相关描述如表 7-6 所示。

表 7-5 **wx.navigateTo** 的常用属性及相关描述

属性	类型	必填	说明
url	string	是	需要跳转的应用内非 **tabBar** 的页面的路径 (代码包路径), 路径后可以带参数。参数与路径之间使用？分隔，参数键与参数值用 = 相连，不同参数用 & 分隔，如 'path?key=value&key2=value2'
events	Object	否	页面间通信接口，用于监听被打开页面发送到当前页面的数据。基础库 2.7.3 开始支持
success	function	否	接口调用成功的回调函数
fail	function	否	接口调用失败的回调函数
complete	function	否	接口调用结束的回调函数 (调用成功、失败都会执行)

表 7-6　success 回调函数的属性及相关描述

属性	类型	说明
eventChannel	eventChannel	和被打开页面进行通信

示例如下：

```
wx.navigateTo({
url: 'test?id=1',
events: {
    // 为指定事件添加一个监听器，获取被打开页面传送到当前页面的数据
acceptDataFromOpenedPage: function(data) {
        console.log(data)
    },
someEvent: function(data) {
        console.log(data)
    }
},
success: function(res) {
    // 通过 eventChannel 向被打开页面传送数据
res.eventChannel.emit('acceptDataFromOpenerPage', { data: 'test' })
}
})


//test.js
Page({
onLoad: function(option){
    console.log(option.query)
consteventChannel = this.getOpenerEventChannel()
eventChannel.emit('acceptDataFromOpenedPage', {data: 'test'});
eventChannel.emit('someEvent', {data: 'test'});
    // 监听 acceptDataFromOpenerPage 事件，获取上一页面通过 eventChannel 传送到
当前页面的数据
eventChannel.on('acceptDataFromOpenerPage', function(data) {
        console.log(data)
    })
    }
})
```

6. wx.navigateBack

使用 wx.navigateBack 可以关闭当前页面，返回上一页面或多级页面。可通过 getCurrentPages 获取当前的页面栈，决定需要返回几层。wx.navigateBack 的常用属性及相关描述如表 7-7 所示。

表 7-7　wx.navigateBack 的常用属性及相关描述

属性	类型	默认值	必填	说明
delta	number	1	否	返回的页面数，如果 delta 值大于现有页面数，则返回首页
success	function		否	接口调用成功的回调函数
fail	function		否	接口调用失败的回调函数
complete	function		否	接口调用结束的回调函数（调用成功、失败都会执行）

示例如下：

```
// 此处是 A 页面
wx.navigateTo({
    url: 'B?id=1'
})
// 此处是 B 页面
wx.navigateTo({
    url: 'C?id=1'
})
// 在 C 页面内 navigateBack，将返回 A 页面
wx.navigateBack({
    delta: 2
})
```

注：调用 navigateTo 跳转时，调用该方法的页面会被加入堆栈，而 redirectTo 方法则不会。

7. wx.setNavigationBarTitle

使用 wx.setNavigationBarTitle 可以动态设置当前页面的标题。wx.setNavigationBarTitle 的常用属性及相关描述如表 7-8 所示。

表7-8 wx.setNavigationBarTitle 的常用属性及相关描述

属性	类型	必填	说明
title	string	是	页面标题
success	function	否	接口调用成功的回调函数
fail	function	否	接口调用失败的回调函数
complete	function	否	接口调用结束的回调函数（调用成功、失败都会执行）

示例如下：

```
wx.setNavigationBarTitle({
title: '当前页面'
})
```

8. wx.setStorageSync

wx.setStorageSync 可以将数据存储在本地缓存指定的 key 中，且会覆盖掉原来该 key 对应的内容。除非用户主动删除或因存储空间原因被系统清理，否则数据都一直可用。单个 key 允许存储的最大数据长度为 1MB，所有数据存储上限为 10MB。与 setStorage 方法的功能一样，区别是同步和异步操作。wx.setStorageSync 的常用属性及相关描述如表 7-9 所示。

表7-9 wx.setStorageSync 的常用属性及相关描述

属性	类型	必填	说明
key	string	是	本地缓存中指定的 key
data	any	是	需要存储的内容。只支持原生类型、Date 及能够通过 JSON.stringify 序列化的对象
success	function	否	接口调用成功的回调函数
fail	function	否	接口调用失败的回调函数
complete	function	否	接口调用结束的回调函数（调用成功、失败都会执行）

示例 1 如下：

```
wx.setStorage({
```

```
key:"key",
data:"value"
})
```

示例 2 如下:

```
try {
wx.setStorageSync('key', 'value')
} catch (e) { }
```

9. wx.getStorageSync

wx.getStorageSync 可以从本地缓存中同步获取指定 **key** 的内容，与 getStorage 用法一样，区别是同步和异步获取。

wx.getStorageSyn 的常用属性及相关描述如表 7-10 所示。success 回调函数的属性及相关描述如表 7-11 所示。

表 7-10　wx.getStorageSyn 的常用属性及相关描述

属性	类型	必填	说明
key	string	是	本地缓存中指定的 key
success	function	否	接口调用成功的回调函数
fail	function	否	接口调用失败的回调函数
complete	function	否	接口调用结束的回调函数（调用成功、失败都会执行）

表 7-11　success 回调函数的属性及相关描述

属性	类型	说明
data	any	key 对应的内容

示例 1 如下:

```
wx.getStorageSync ({
key: 'key',
success (res) {
```

```
    console.log(res.data)
}
})
```

示例 2 如下：

```
try {
var value = wx.getStorageSync('key')
    if (value) {
        // Do something with return value
    }
} catch (e) {
    // Do something when catch error
}
```

10. wx.showToast

wx.showToast 显示消息提示框。wx.showToast 的常用属性及相关描述如表 7-12 所示。object.icon 的常用属性及相关描述如表 7-13 所示。

表 7-12　wx.showToast 的常用属性及相关描述

属性	类型	默认值	必填	说明	最低版本
title	string		是	提示的内容	
icon	string	success	否	图标	
image	string		否	自定义图标的本地路径，image 的优先级高于 icon	1.1.0
duration	number	1500	否	提示的延迟时间	
mask	boolean	FALSE	否	是否显示透明蒙层，防止触摸穿透	
success	function		否	接口调用成功的回调函数	
fail	function		否	接口调用失败的回调函数	
complete	function		否	接口调用结束的回调函数（调用成功、失败都会执行）	

表 7-13　**object.icon** 的常用属性及相关描述

属性	说明	最低版本
success	显示成功图标，此时 title 文本最多显示 7 个汉字长度	
error	显示失败图标，此时 title 文本最多显示 7 个汉字长度	
loading	显示加载图标，此时 title 文本最多显示 7 个汉字长度	
none	不显示图标，此时 title 文本最多可显示两行，1.9.0 及以上版本支持	

示例如下：

```
wx.showToast({
    title: '成功',
    icon: 'success',
     duration: 2000
})
```

 任务实施

1.初始化项目

1）创建项目

用开发者工具创建项目，并初始化项目，在 page 文件内创建 3 个文件夹，分别是 list（列表页面）、**add**（添加内容页面）、detail（详情页面）；然后通过开发者工具右键分别点击新增的文件夹，选择新增 page，新增 page 的名字和文件名字一致。删除多余的 page 文件，创建项目。项目显示界面如图 7-9 所示。

任务操作视频

2）配置 app.json

在 **app.json** 里面的 window 内设置项目标题栏的名字、标题栏的颜色、标题栏的背景色等信息。一般在初始化项目的时候会自动生成，只需要将 navigationBarTitleText（标题栏的名字）和 navigationBarBackgroundColor（标题栏的背景色）分别设置成 todolist 和 #00BFFF。

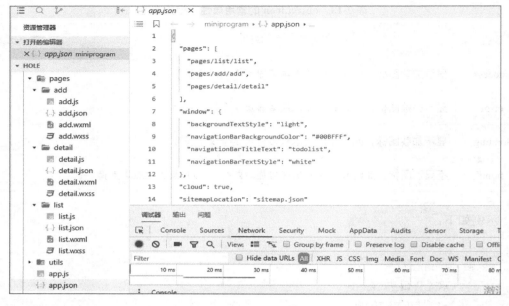

图 7-9 项目显示界面

实现代码如下：

```
"window": {
    "backgroundTextStyle": "light",
    "navigationBarBackgroundColor": "#00BFFF",
    "navigationBarTitleText": "todolist",
    "navigationBarTextStyle": "white"
},
```

2. 列表页面列表展示

1）列表信息展示

列表信息展示分为两个功能，第一个是列表信息展示；第二个是绑定跳转到详情的事件。

（1）列表信息展示，是通过 wx:for 循环 data 里面的数据进行的。因此，需要先在 list.js 中的 data 里面设置需要展示的信息数据 list。

实现代码如下：

```
data: {
    list: []
},
```

（2）在 list.wxml 文件内循环该 list，并对 list 内的标题进行展示。

实现代码如下：

```
<block wx:for="{{list}}" wx:key="*this">
<view class='list'>
<view>
<text class='title'>{{item.title}}</text>
</view>
</view>
</block>
```

（3）为了让页面看起来整洁和舒适，需要在 list.wxss 内设置样式。

实现代码如下：

```
.list{
    line-height: 100rpx;
padding-left: 20rpx;
border-bottom: 1px solid #ddd;
}
.title{
font-size: 12pt;
display: -webkit-box;
word-break: break-all;
    text-overflow: ellipsis;
overflow: hidden;
-webkit-box-orient: vertical;
-webkit-line-clamp: 4;
}
```

2）列表信息绑定事件

（1）列表信息的作用是不但要展示列表信息，也是通向该条信息详情的入口，因此需要在列表中绑定事件。为了区分是哪条信息，就需要在 view 中绑定 data-id，并在事件中对获取 data-id 绑定的值进行区分。

修改 list.wxml 中的 class='list' 的内容，在 <view class='list'> 上绑定事件 bindtap='onItemClick' 和 data-id='{{index}}'。

实现代码如下：

```
<view class='list' bindtap='onItemClick' data-id='{{index}}'>
<view>
<text class='title'>{{item.title}}</text>
</view>
</view>
```

（2）在 list.js 中设置事件，名字为 onItemClick，位置和 data 同级，onItemClick 有一个参数 e，通过 e.currentTarget.dataset.id 就能获取绑定 list.wxml 中 data-id 的值。

实现代码如下：

```
Page({
    data: {
        list: []
    },
onItemClick: function (e) {
        console.log(e)
    }
})
```

（3）事件的目的是通向该条信息的详情，因此需要用 wx.navigateTo 跳转到详情页面，并且为了让详情页面知道是哪条信息，就需要带上该条信息的标识，即刚才绑定的 data-id 的值，把 onItemClick 的内部改写。

实现代码如下：

```
onItemClick: function (e) {
    console.log(e)
wx.navigateTo({
url: '../detail/detail?id=' + e.currentTarget.dataset.id,
```

```
    })
  }
```

3. 在列表页面添加页面入口

1）add 页面入口展示

（1）在 page 文件夹同级的位置新增 image 文件夹，用来存放图片，里面放置一个名字为 "newPost.png" 的图片（自己在网上下载一张带有 "＋" 号的 PNG 图片）。图片样式如图 7-10 所示。

图 7-10　图片样式

（2）在 list.wxml 中添加 image 标签，SRC 引入该图片。

实现代码如下：

```
<image class="new_post"  src='../../images/newPost.png'></image>
```

（3）在 list.wxss 内设置图片的位置和样式。

实现代码如下：

```
.new_post{
    position: fixed;
    bottom: 60rpx;
    right: 60rpx;
    width: 100rpx;
    height: 100rpx;
}
```

2）绑定 add 页面的入口事件

（1）给 list.wxml 内的 image 绑定名为 "newPost" 的事件，以进入 add 页面，因此需要对 image 进行改写。

实现代码如下：

```
<image class="new_post"bindtap="newPost"src='../../images/newPost.
png'></image>
```

（2）给 image 设置 CSS 样式，让它处于页面的右下角。

实现代码如下：

```
.new_post{
    position: fixed;
    bottom: 60rpx;
    right: 60rpx;
    width: 100rpx;
    height: 100rpx;
}
```

（3）在 list.js 的 page 内添加事件 newPost 的方法，和 data 同级，通过 wx.navigateTo 进入 add 页面。

实现代码如下：

```
newPost: function(e) {
    console.log(e)
wx.navigateTo({
        url: '../add/add'
    })
}
```

4. 从列表页面 data.list 获取存储数据

1）获取存储数据

在 add 页面添加数据的时候，会把数据存储在小程序本地（storage）（这里重点介绍获取本地存储的数据），所以在刚进入列表页面的时候即在 list.js 中的 onShow 里面，需要通过 wx.getStorageSync 获取小程序本地（storage）的数据，在存储的时候使用的 key 是 publish_post，在获取的时候通过 wx.getStorageSync（'publish_post'）就能获取存储在小程序本地（storage）名为 "publish_post" 的数据。

实现代码如下：

```
onShow: function () {
 varpublish_post = wx.getStorageSync('publish_post')
},
```

2）赋值给 data.list

由于 wx.getStorageSync 存储的都是字符串类型的数据，而页面需要 data.list 的类型是数组（页面是通过遍历 data.list 来获取数据的），因此需要通过 JSON.parse 转换数据类型，并且把转换过的数据赋值给 data.list，因此需要在 onShow 内部添加相应代码。

实现代码如下：

```
var data = publish_post ?JSON.parse(publish_post): []
this.setData({
    list: data
  })
```

备注：当还没有通过 wx.getStorageSync 存储 key 为 publish_post 的时候，wx.getStorageSync 会返回一个空字符串，用 JSON.parse 转换空字符串会报错，对 wx.getStorageSync 的返回值进行判断，是为了减少报错和容错。

5.列表页面整体代码

此时列表页面（list）的整体功能已经全部开发结束，并实现了跳转详情页面（detail）和添加页面（add）、从页面获取本地存储（sorage）的数据、把数据渲染到页面等功能。

1）list.wxml 文件

实现代码如下：

```
<block wx:for="{{list}}" wx:key="*this">
<view class='list' bindtap='onItemClick' data-id='{{index}}'>
<view>
<text class='title'>{{item.title}}</text>
</view>
</view>
</block>
<image class="new_post" bindtap="newPost" src='../../images/newPost.
png'></image>
```

2）list.wxss 文件

实现代码如下：

```
.new_post{
    position: fixed;
    bottom: 60rpx;
    right: 60rpx;
    width: 100rpx;
    height: 100rpx;
}

.list{
    line-height: 100rpx;
    padding-left: 20rpx;
    border-bottom: 1px solid #ddd;
}
.title{
    font-size: 12pt;
    display: -webkit-box;
    word-break: break-all;
    text-overflow: ellipsis;
    overflow: hidden;
    -webkit-box-orient: vertical;
    -webkit-line-clamp: 4;
}
```

3）list.js 文件

实现代码如下：

```
Page({
    data: {
        list: []
    },
onShow: function () {
varpublish_post = wx.getStorageSync('publish_post')
console.log(publish_post, '123213')
var data = publish_post ?JSON.parse(publish_post): []
```

```
this.setData({
    list: data
        })
    },
newPost: function(e) {
    console.log(e)
wx.navigateTo({
        url: '../add/add'
    })
    },
onItemClick: function (e) {
        console.log(e)
wx.navigateTo({
        url: '../detail/detail?id=' + e.currentTarget.dataset.id,
    })
    }
})
```

6. 添加页面实现添加数据功能和存储

1）使用表单组件实现添加数据

（1）在 add.wxml 页面增加 input 输入框和 textarea 输入框，input 输入框用来输入标题，textarea 输入框用来输入消息的内容；并同步在每个输入框内绑定 bindinput 事件，用来获取输入框的内容。

实现代码如下：

```
<view class='page'>
<input bindinput="input" type="text" placeholder="事项标题"/>
<textarea class='text' bindinput="textarea" placeholder="事项内容" />
</view>
```

（2）在 add.wxss 内设置每个输入框的样式

实现代码如下：

```
.page{
    margin: 0 20rpx;
```

```
    display: flex;
    flex-direction: column;
    justify-content: space-between;
    height: 100%;
}
input {
    width: 100%;
    height: 100rpx;
    border: 1px solid #dddddd;
    margin: 5rpx 0 10rpx 0;
    text-indent: 20rpx;
}
textarea{
    text-indent: 20rpx;
    width: 100%;
    font-size: 20px;
    flex: 1;
    border: 1px solid #dddddd;
    margin-bottom: 10rpx;
}
```

（3）由于输入框绑定了 **bindinput** 事件，在输入框中输入内容的时候会触发 **bindinput** 事件。在 **add.js** 内设置 **bindinput** 事件的处理方法，先获取输入框中的内容，然后把输入框中的内容存储在 **page** 内的 **data** 里面。

实现代码如下：

```
Page({
data: {
    content: '',
    title: ''
    },
    input: function (e) {
this.setData({
        title: e.detail.value
    })
    },
textarea: function (e) {
```

```
this.setData({
        content: e.detail.value
    })
    }
})
```

2）保存数据

用户在结束消息标题和消息内容输入时，需要把数据存储到本地存储（Storage）里面，方便详情和列表页面使用。

（1）在 **add.wxml** 内添加发布按钮，该发布按钮事件的功能是操作存储消息标题和消息内容。这个按钮事件的操作就需要绑定 bindtap="send" 事件。

实现代码如下：

```
<button bindtap="send"> 发布 </button>
```

（2）在 **add.js** 的 **page** 内部 **data** 的同级处理存储输入框内容，在列表页面是通过遍历数据进行展示的，因此存储的时候是通过数组来进行存储的，而 **setStorageSync** 只能存储字符串，就使用 **JSON.stringify** 进行转换。**setStorageSync** 的 **key** 值就是在列表页面用来取值的 'publish_post'，value 值就是用来存储的 **data** 里面输入框的值。并且在详情页面展示的时候，也展示了该条记录的发布时间和周期，因此通过对 **new Date()** 进行处理来获取。

实现代码如下：

```
send: function () {
    var list= []
    var week = new Date().getDay()
    var arr = ['日', '一', '二', '三', '四', '五', '六']
list.push({
        title: this.data.title,
        content: this.data.content,
        time: new Date( +new Date() + 8 * 3600 * 1000 ).toJSON().
substr(0,19).replace("T"," "),
        week: arr[week]
    })
    wx.setStorageSync('publish_post', JSON.stringify(list))
```

```
    },
```

（3）发布功能设置完成后，就需要返回列表页面观看记录的列表和内容。所以需要在 send 方法的最后面添加 wx.navigateBack() 方法，回到列表页面。

实现代码如下：

```
wx.navigateBack({
    delta: 1
})
```

（4）回到列表页面后，多添加几条信息就会发现列表页面只展示最新的一条记录。原来是因为在发布的时候，直接覆盖了本地存储的信息，因此需要先获取本地存储的数据，然后在本地存储数据的基础上添加本次要发布的数据，再把这些数据存储到本地存储里面。这样在添加完数据回到列表页面的时候，也就能看到之前发布的数据了。因此对 send 方法进行改写，其 list 的值就不是空数组了，而是本地存储的值。

实现代码如下：

```
var publish_post = wx.getStorageSync('publish_post')
var list = publish_post ?JSON.parse(publish_post) : []
```

3）友好处理

（1）目前添加页面的功能已基本实现，但是当用户在操作的时候，如果输入标题或者内容时又误点击发布按钮，这样就会产生很多的脏数据或者空数据。因此在发布的时候就需要对标题输入框和内容输入框进行判断，当输入框的内容为空就不允许进行发布，因此需改写 send 方法。

实现代码如下：

```
    if (this.data.title&&this.data.content) {
    // 保存数据
} else {
}
```

（2）当用户忘记输入标题而点击保存按钮，通过上面的判断使页面没有任何反应，这样会给用户留下不友好的印象，就需要通过 wx.showToast 来告诉用户是出了什么问题页面没有继续下一步操作，需继续改写 send 方法，增加提示信息。

实现代码如下：

```
if (this.data.title&&this.data.content) {
    // 保存数据
} else {
    if (!this.data.title) {
wx.showToast({
        title: '标题不能为空',
        mask: true,
        duration: 2500
    })
        return false
    }
    if (!this.data.content) {
wx.showToast({
        title: '内容不能为空',
        mask: true,
        duration: 2500
    })
        return false
    }
}
```

（3）因多次对 add.js 内的 send 方法的代码进行增改，导致 send 方法代码量较多，为了让代码更清晰和便于后期的维护，需对 send 方法进行拆分，让 send 方法处理输入框中的信息是否有数据，在 send 的同级增加 add 方法，用于处理把输入框的内容存储在本地存储里面。这样需要处理输入框信息就维护 send 方法，需要处理存储方面的问题就维护 add 方法，使代码更清晰明，同理也可以把 wx.showToast 拆出来，这样也精简了代码量。

（4）当在 app.json 中配置的标题栏的名字是"todolist"时，每个页面都显示"todolist"，为了让用户更清楚地知道当前处于什么页面，可以通过在 add.json 中修改标题栏来实现。

实现代码如下：

```
{
  "navigationBarTitleText": " 添加页面 ",
  "usingComponents": {}
}
```

当然也可以通过 wx.setNavigationBarTitle 来动态修改标题栏。

实现代码如下：

```
onLoad: function (options) {
wx.setNavigationBarTitle({
      title: ' 添加内容 '
    })
},
```

7. 添加页面整体代码展示

1）add.wxml 文件

实现代码如下：

```
<view class='page'>
<input bindinput="input" type="text" placeholder=" 事项标题 "/>
<textarea class='text' bindinput="textarea" placeholder=" 事项内容 " />
<button bindtap="send">发布 </button>
</view>
```

2）add.wxss 文件

实现代码如下：

```
.page{
    margin: 0 20rpx;
    display: flex;
    flex-direction: column;
```

```
    justify-content: space-between;
    height: 100%;
}
input {
    width: 100%;
    height: 100rpx;
    border: 1px solid #dddddd;
    margin: 5rpx 0 10rpx 0;
    text-indent: 20rpx;
}
textarea{
    text-indent: 20rpx;
    width: 100%;
    font-size: 20px;
    flex: 1;
    border: 1px solid #dddddd;
    margin-bottom: 10rpx;
}
button {
    width: 100%;
    border: 1px solid #dddddd;
    margin-bottom: 5rpx;
}
```

3）add.js 文件

实现代码如下：

```
Page({
    data: {
        content: '',
        title: ''
    },
onLoad: function (options) {
wx.setNavigationBarTitle({
        title: '添加内容'
    })
    },
```

```
    input: function (e) {
  this.setData({
          title: e.detail.value
      })
    },
  textarea: function (e) {
  this.setData({
          content: e.detail.value
      })
    },
  add: function() {
  varpublish_post = wx.getStorageSync('publish_post')
  var data = publish_post ?JSON.parse(publish_post) : []
    var week = new Date().getDay()
  vararr = ['日', '一', '二', '三', '四', '五', '六']
  data.push({
      title: this.data.title,
      content: this.data.content,
      time: new Date( +new Date() + 8 * 3600 * 1000 ).toJSON().
substr(0,19).replace("T"," "),
      week: arr[week]
    })
  wx.setStorageSync('publish_post', JSON.stringify(data))
  wx.navigateBack({
        delta: 1
      })
    },
    send: function () {
      if (this.data.title&&this.data.content) {
  this.add()
    } else {
      if (!this.data.title) {
  this.publishFail(' 标题不能为空 ')
        return false
      }
      if (!this.data.content) {
  this.publishFail(' 内容不能为空 ')
              }
        }
```

```
    },
publishFail(info) {
wx.showToast({
        title: info,
        mask: true,
        duration: 2500
    })
    }
})
```

注：add 方法和 publishFail 方法是通过对 send 方法进行拆分得来的，其拆分目的是方便维护和使代码清晰。

8. 详情页面

详情页面主要是针对某 3 条记录的数据进行展示，展示的内容包括标题、发布时间、消息内容 3 部分。

1）详情页面的展示

（1）在 detail.wxml 页面需要对标题、发布时间及消息内容进行展示，但是这些数据是动态改变的，所以需要先在 detail.js 的 page 中的 data 里面进行初始化。

实现代码如下：

```
Page({
    data:{
        id:'',
        title:'',
        content:'',
        time:'',
        week:''
    },
})
```

（2）把数据渲染到 detail.wxml 页面。

实现代码如下：

```
<view class='detail' wx:if='{{title}}'>
<text class='title'>标题：{{title}}</text>
<view class="time">
<text>时间：{{time}}</text>
<text>周{{week}}</text>
</view>
<view class='content'>
<text>{{content}}</text>
</view>
</view>
```

（3）根据页面展示的需求，在 **detail.wxss** 中设置页面布局。

实现代码如下：

```
.content {
    border-top: 1px dashed #ddd;
}
.title{
    display: block;
    padding-top: 10rpx;
    margin-left: 30rpx;
    margin-right: 10rpx;
    font-size: 12pt;
    display: -webkit-box;
    word-break: break-all;
    text-overflow: ellipsis;
    overflow: hidden;
    -webkit-box-orient: vertical;
    -webkit-line-clamp: 4;
}
.time {
    display: flex;
    justify-content: space-between;
    padding: 5rpx 10rpx;
    font-size: 8pt;
    color: gray;
}
```

```
.content{
    padding: 16px 10px;
    line-height: 60rpx;
    word-wrap: break-all;
    overflow: hidden;
    word-break: break-all;
}
```

2）详情页面的数据获取

（1）发布的数据都存储在本地存储里面，进入页面时，需先获取本地存储里面的数据。

实现代码如下：

```
onLoad: function () {
var publish_post = wx.getStorageSync('publish_post')
var list= publish_post ?JSON.parse(publish_post): []
    console.log(list)
  }
```

（2）wx.getStorageSync('publish_post') 存储的不是一条记录，而是多条数据，所以要展示用户想要看到的详情信息，就需要在详情页面知道用户点击的是哪条信息。在列表页面的详情跳转时设置了传参，在 detail.js 内获取这个参数，就能看到用户想要的信息。

通过小程序生命周期 onLoad 里的 options 参数可获取列表设置的传参，options.id 的值就是该条消息在 wx.getStorageSync('publish_post') 里面的下标，因此可获取对应的数据，然后把数据赋值给 page 的 data 即可，需要改写 detail.js 的 onLoad 方法。

实现代码如下：

```
onLoad: function (options) {
var publish_post = wx.getStorageSync('publish_post')
var list = publish_post ?JSON.parse(publish_post): []
this.setData({
        id: options.id,
        title: list[options.id].title,
        content: list[options.id].content,
```

```
        time: list[options.id].time,
        week: list[options.id].week
    })
  }
```

注：先要了解列表页面往详情页面跳转时传递的参数的意义，才能更好地在详情页面进行使用。详情页面通过 onLoad 方法里面的 options 参数来获取列表跳转时带的参数。

9. details.js 文件

实现代码如下：

```
Page({
    data: {
        id:'',
        title:'',
        content:'',
        time:'',
        week:''
    },
onLoad: function (options) {
var publish_post = wx.getStorageSync('publish_post')
var list = publish_post ?JSON.parse(publish_post): []
this.setData({
        id: options.id,
        title: list[options.id].title,
        content: list[options.id].content,
        time: list[options.id].time,
        week: list[options.id].week
    })
  }
})
```

任务 2 基于云开发制作 ToDoList 小程序

 任务描述

根据项目需求，使用云开发开发者工具完成对数据库的创建和使用。

知识准备

1. 云开发

1）简介

小程序云开发是微信团队联合腾讯云推出的专业的小程序开发工具。开发者可以使用云开发快速开发小程序、小游戏、公众号网页等，并且延伸打通微信开放能力。开发者无须搭建服务器，可免鉴权直接使用平台提供的 **API** 进行业务开发。

2）开通云开发功能

在微信公众平台找按次序打开开发管理→云开发，点击开通就能够开通一个免费的云开发环境。开通云开发界面如图 7-11 所示。注意其资源的分配状况，在使用时可以根据不同的情况分配资源或升级配置。

开通云开发需要填写环境名称，环境名称只能包含数字、小写字母和"-"，且只能以小写字母开头。云开发信息设置界面如图 **7-12** 所示。

图 **7-11** 开通云开发界面

图 7-12　云开发信息设置界面

3）云开发初始化

在小程序端开始使用云开发前，需先调用 wx.cloud.init 方法完成云开发初始化。因此，如果要使用云开发，通常在小程序初始化时即调用这个方法。

4）小程序端初始化

wx.cloud.init 方法的定义格式如下：

```
function init(options): void
```

wx.cloud.init 方法接受一个可选的 options 参数，该方法没有返回值。该方法只能调用一次，多次调用时只有第一次调用生效。

options 参数定义了云开发的默认配置，该配置会作为之后调用其他所有云 API 的默认配置。options 参数的值及描述如表 7-14 所示。

表 7-14　options 参数的值及描述

字段	数据类型	必填	默认值	说明
env	string | object	是		后续 API 调用的默认环境配置，传入字符串形式的环境 ID 可以指定所有服务的默认环境，传入对象可以分别指定各个服务的默认环境
traceUser	boolean	否	False	是否将用户访问记录到用户管理中，在控制台中可见

当 env 传入参数为对象时，可以指定各个服务的默认环境。env 的字段值及描述如表

7-15 所示。

表 7-15　env 的字段值及描述

字段	数据类型	必填	默认值	说明
database	string	否	空	数据库 API 默认环境配置
storage	string	否	空	存储 API 默认环境配置
functions	string	否	空	云函数 API 默认环境配置

注：env 配置只会决定小程序端 API 调用的云环境，并不会决定云函数中的 API 调用的环境，在云函数中需要通过 wx-server-sdk 的 init 方法重新进行环境配置。

5）云函数端初始化

cloud.init 方法的定义格式如下：

```
function init(options): void
```

cloud.init 方法接受一个可选的 options 参数，该方法没有返回值。该方法只能调用一次，多次调用时只有第一次调用生效。

options 参数定义了云开发的默认配置，该配置会作为之后调用其他所有云 API 的默认配置。options 参数的值及描述如表 7-16 所示。

表 7-16　options 参数的值及描述

字段	数据类型	必填	说明
env	string | object	是	后续 API 调用的默认环境配置，传入字符串形式的环境 ID 或传入 cloud.DYNAMIC_CURRENT_ENV 可以指定所有服务的默认环境，传入对象可以分别指定各个服务的默认环境

当 env 传入参数为对象时，可以指定各个服务的默认环境。env 的字段值及描述如表 7-17 所示。

表 7-17　env 的字段值及描述

字段	数据类型	必填	默认值	说明
database	string	否	default	数据库 API 默认环境配置
storage	string	否	default	存储 API 默认环境配置

续表

字段	数据类型	必填	默认值	说明
functions	string	否	default	云函数 API 默认环境配置
default	string	否	空	缺省时 API 默认环境配置

注：env 设置只会决定本次云函数 API 调用的云环境，并不会决定接下来其他被调云函数中的 API 调用的环境，在其他被调云函数中需要通过 init 方法重新设置环境。

在设置 env 时指定 cloud.DYNAMIC_CURRENT_ENV 常量（需 SDK v1.1.0 或以上），这样云函数发起数据库请求、存储请求或调用其他云函数的时候，默认请求的云环境就是云函数当前所在的环境。

示例如下：

```
const cloud = require('wx-server-sdk')
cloud.init({
    env: cloud.DYNAMIC_CURRENT_ENV
})
```

2. 数据库

1）数据库介绍

云开发提供了一个 JSON 数据库，顾名思义，数据库中的每条记录都是一个 JSON 格式的对象。一个数据库可以有多个集合（相当于关系型数据中的表），集合可看作一个 JSON 数组，数组中的每个对象就是一条记录，记录的格式是 JSON 对象。关系型数据库和 JSON 数据库的对应关系如表 7-18 所示。

表 7-18　关系型数据库和 JSON 数据库的对应关系

关系型	文档型
数据库 database	数据库 database
表 table	集合 collection
行 row	记录 record / doc
列 column	字段 field

2）数据库 API

数据库 API 包含增、删、改、查的功能，使用 API 操作数据库只需通过获取数据库引用、构造查询 / 更新条件和发出请求 3 个步骤即可完成。

以下是一个在小程序中查询发表于美国的图书记录数据库的示例：

```
db.collection('books').where({
    publishInfo: {
        country: 'United States'
    }}).get({
    success: function(res) {
    // 输出 [{ "title": "The Catcher in the Rye", ... }]
    console.log(res)
}})
```

注：

- 获取数据库引用 const db = wx.cloud.database()；
- 构造查询语句；
- 用 collection 方法获取一个集合的引用；
- 用 where 方法传入一个对象，数据库返回集合中字段等于指定值的 JSON 文档；
- API 也支持高级查询条件（比如大于、小于、in 等）。
- 使用 get 方法会触发网络请求，从数据库获取数据。

3. 项目创建和目录

1）创建项目

在开发者工具中可以直接创建云开发项目，只需要在创建的时候选中"小程序·云开发"单选按钮即可自动创建一个云开发项目。创建云开发项目界面如图 7-13 所示。

2）云开发目录

云开发目录界面如图 7-14 所示。

① cloudfunctions：云开发目录，用于创建云函数和定时器，里面的每个文件一般是一个云函数，创建后一定要先上传并构建才能使用。

② miniprogram：小程序目录。

③ project.config.json：全局配置文件。

注：如果只是简单操作数据库，通过小程序中的 pages 中的 JS 代码操作即可，不需要创建云目录及其里面的云函数等。

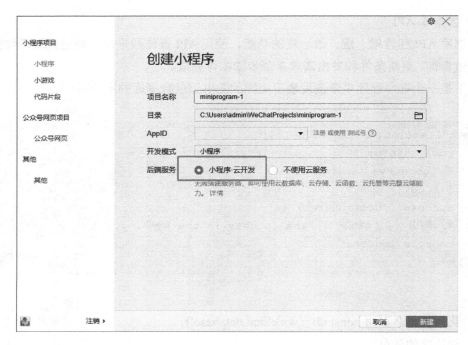

图 7-13　创建云开发项目界面

图 7-14　云开发目录界面

4. 开发者工具——云开发使用

在开发者工具中点击"云开发"，就能打开云开发管理页面，里面有云函数、数据库、存储、运营分析等功能按钮。云开发管理页面如图 7-15 所示。

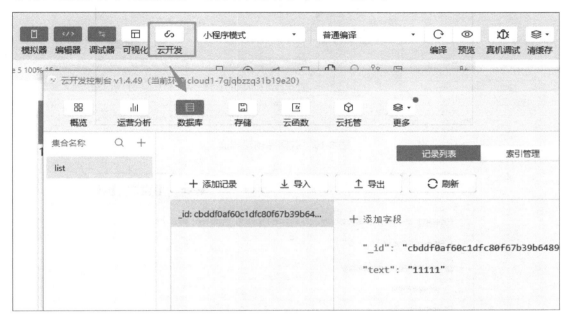

图 7-15　云开发管理页面

 任务实施

任务操作视频

1. 数据库使用

1）数据库创建

数据库创建界面如图 7-16 所示。

点击"数据库"→集合"+"，输入集合名称，点击"确定"按钮即可得到一个空的集合。一定要注意数据库权限问题，没有需要限制的权限，手动设置为所有用户可读，或仅创建者可读写。数据库权限设置界面如图 7-17 所示。

2）添加记录

点击"添加记录"按钮，根据项目情况添加数据。点击"保存"按钮后，数据库就会产生一条数据。添加记录界面如图 7-18 所示。

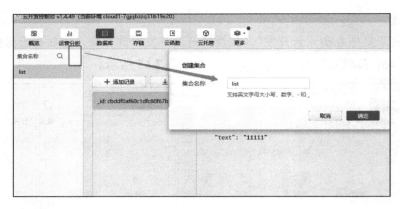

图 7-16 数据库创建界面

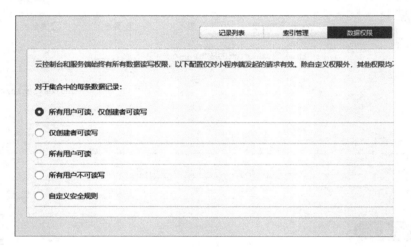

图 7-17 数据库权限设置界面

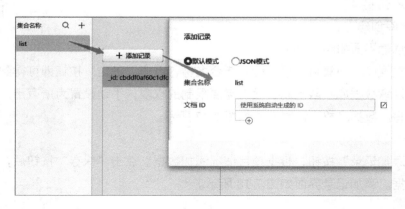

图 7-18 添加记录界面

2. 数据库在页面中的使用

1）初始化 DB 实例

在 index.js 头部创建 DB 实例，调用 wx.cloud.database() 即可。

实现代码如下：

```
const db = wx.cloud.database() // 创建 db 实例
```

2）查询数据

在 index.js 的 onLoad 中使用 db.collection('list').get 获取数据，即获取 list 数据库中的所有数据。

实现代码如下：

```
// index.js
onload: function(){
db.collection("list").get({
    success: function(res) {
        var msgList = res.data
    }
})
}
```

3）渲染数据

得到数据库 list 中的数据后，赋值给 data 中的 msgList 数组，然后根据数据的格式，渲染到页面中。因此，在 onLoad 方法内 db.collection("list") 的 success 里面添加代码。

实现代码如下：

```
that.setData({
    msgList: msgList
})
```

3. 添加到数据库

方法一：在保存的时候，通过调用 db.collection('list').add 添加数据到数据库，方便下次查阅。

实现代码如下：

```
db.collection('list').add({
    data: {
        text: this.data.addStr
    }
})
```

方法二：调用删除等方法对数据库数据进行操作。数据库操作界面如图 7-19 所示。

图 7-19　数据库操作界面

4. 整体代码展示

操作数据库通过 index.js 进行数据的添加和查询，因此只对项目中的 index.js 进行了修改，index.wxml 和 index.wxss 代码未做调整，直接进行使用。index.js 实现代码如下：

```
const app = getApp()
const db = wx.cloud.database()
Page({
    data: {
        addStr:",
        list: []
    },
    onload: function(){
        db.collection("list").get({
            success: function(res) {
                var msgList = res.data
                that.setData({
```

```
                list: msgList
            })
        }
    })
},
    changeStr: function(e) {
        console.log(e)
        console.log(e.detail.value)
        this.setData({
            addStr: e.detail.value
        })
    },
    on_sendMsg: function(){
        var list = this.data.list
        list.push(this.data.addStr)
        this.setData({
            list: list,
            addStr:"
        })
        db.collection('list').add({
            data: {
                text: this.data.addStr
            }
        })
    }
})
```

项目拓展

　　在本项目的基础，通过实际项目训练，进一步学习和掌握小程序基础的 **API**、**WXML** 语法、**WXSS** 语法的功能和应用技巧，能够搭建基础的项目和开发项目，实现其项目内的功能，并在 **ToDoList** 扩展项目的详情页面，增加编辑内容和删除信息的功能。

　　进一步掌握数据库和 **API** 的功能和应用技巧，并能够独立实现创建数据库的表及和进行初始化。

项目 **8**

开发指南针小程序

项目教学 PPT

 项目情景

数字指南针又叫电子罗盘，是采用电子技术制作的利用地球磁场来指定北极的一种仪器。数字指南针作为导航仪器被广泛应用，现在大部分智能手机都自带罗盘功能。

本项目是设计一个指南针小程序，让用户能够实时获取地理位置、监听指南针角度。手机中的指南针小程序页面效果如图 8-1 所示。

图 8-1　手机中的指南针小程序页面效果

项目分析

本项目要求使用小程序提供的设备 API 来调用设备的罗盘功能，开发指南针小程序。相关的功能和要求如下：

（1）页面的开发和布局；

（2）小程序 API 的调用；

（3）运用 CSS transition 属性开发动画效果。

（一）知识目标

（1）掌握小程序基础组件的使用方法；

（2）掌握小程序设备接口 API 的使用方法；

（3）掌握 CSS 简单动画的使用方法。

（二）技能目标

（1）能够运用 CSS transition 属性开发动画效果；

（2）能够运用设备的 API 开发调用设备功能的小程序。

（三）素质目标

（1）初步认知小程序开发精益求精的工匠精神的内涵；

（2）具备调用设备的 API 开发小程序的规范意识。

知识准备

1. 罗盘 API——stopCompass

stopCompass 参数的功能是停止监听罗盘数据，stopCompass 参数的 object 属性及相关描述如表 8-1 所示。

示例如下：

```
wx.stopCompass({
success:function(){
    ...
    },
    fail:function(){
    ...
    },
    complete:function(){
    ...
    },
})
```

2. 罗盘 API——startCompass

startCompass 参数的功能是开始监听罗盘数据，startCompass 参数的 object 属性及相关描述如表 8-1 所示。

表 8-1　stopCompass 和 startCompass 参数的 object 属性及相关描述

属性	类型	必填	说明
success	function	否	接口调用成功的回调函数
fail	function	否	接口调用失败的回调函数
complete	function	否	接口调用结束的回调函数（调用成功、失败都会执行）

示例如下：

```
wx.startCompass()
```

3. 罗盘 API——onCompassChange

onCompassChange 参数的功能是监听罗盘数据变化事件，其频率为 5 次 / 秒，接口调用后会自动开始监听，可使用 wx.stopCompass 停止监听。onCompassChange 参数的属性及相关描述如表 8-2 所示。

表 8-2　onCompassChange 和 offCompassChange 参数的属性及相关描述

属性	说明
function callback	罗盘数据变化事件的回调函数

onCompassChange 参数的 objectres 属性及相关描述如表 8-3 所示。

表 8-3　onCompassChange 参数的 objectres 属性及相关描述

属性	类型	说明	最低版本
direction	number	面对的方向度数	
accuracy	number/string	精度	2.4.0

示例如下：

```
wx.onCompassChange(function(res){
console.log(res. direction)
   console.log(res. accuracy)
})
```

4. 罗盘 API——offCompassChange

offCompassChange 参数的功能是取消监听罗盘数据变化事件。

（1）offCompassChange 参数为空，则取消所有的事件监听。

示例如下：

```
dd.offCompassChange();
```

（2）offCompassChange 有参数，则只移除对应的事件。

示例如下：

```
dd.offCompassChange(this.callback);
```

5. CSS 的 transition 属性

CSS 的 transition 属性允许 CSS 的属性值在给定的时间内平滑地过渡。这种效果一般在鼠标点击、获得焦点、被点击或对元素改变时触发，并可以动画效果改变 CSS 的属性值。transition 属性值及相关描述如表 8-4 所示。

表 8-4　transition 属性值及相关描述

属性	说明
transition	简写属性，用于将四个过渡属性设置为单一属性
transition-delay	规定过渡效果的延迟（以秒计）
transition-duration	规定过渡效果要持续多少秒或毫秒
transition-property	规定过渡效果所针对的 CSS 属性的名称
transition-timing-function	规定过渡效果的速度曲线

示例如下：

```
. transition {
    width: 100px;
    height: 100px;
    transition-property: width;
```

```
        transition-duration: 2s;
        transition-timing-function: linear;
        transition-delay: 1s;
    }
```

6. CSS 的 animation 属性

CSS 通过 animation 属性可实现 HTML 元素的动画效果，而不使用 JavaScript 或 Flash。animation 属性值及相关描述如表 8-5 所示。

表 8-5　animation 属性值及相关描述

属性	说明
@keyframes	规定动画模式
animation	设置所有动画属性的简写属性
animation-delay	规定动画开始的延迟
animation-direction	规定动画是向前播放、向后播放还是交替播放
animation-duration	规定动画完成一个周期应花费的时间
animation-fill-mode	规定元素在不播放动画时的样式（在开始前、结束后，或两者同时）
animation-iteration-count	规定动画应播放的次数
animation-name	规定 @keyframes 动画的名称
animation-play-state	规定动画是运行还是暂停
animation-timing-function	规定动画的速度曲线

示例如下：

```
/* 动画代码 */
@keyframes example {
    0%    {background-color:red; left:0px; top:0px;}
    25%   {background-color:yellow; left:200px; top:0px;}
    50%   {background-color:blue; left:200px; top:200px;}
    75%   {background-color:green; left:0px; top:200px;}
    100%  {background-color:red; left:0px; top:0px;}
}
```

```
/* 应用动画的元素 */
. transition{
    width: 100px;
    height: 100px;
    animation-name: example;
    animation-duration: 5s;
    animation-timing-function: linear;
    animation-delay: 2s;
    animation-iteration-count: infinite;
    animation-direction: alternate;
}
```

1. 创建项目

项目操作视频

用微信开发者工具创建初始项目，打开开发者工具，选择"小程序"，输入项目名称、目录和 AppID，单击"新建"按钮即可创建初始化的项目。创建小程序界面如图 8-2 所示。

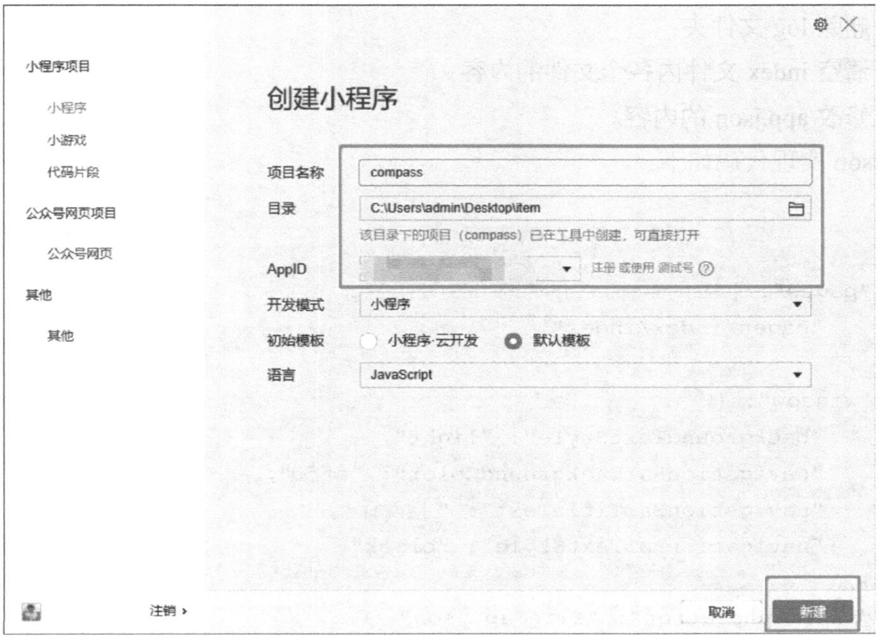

图 8-2　创建小程序界面

创建完项目，项目目录如图 8-3 所示。

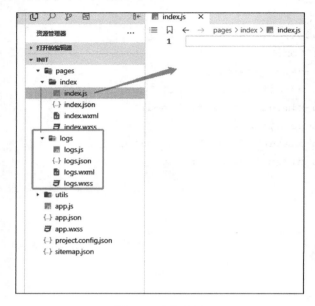

图 8-3　项目目录

完成以下操作：

（1）删除 log 文件夹；

（2）清空 index 文件内各个文件的内容；

（3）修改 app.json 的内容。

app.json 实现代码如下：

```
{
    "pages": [
        "pages/index/index"
    ],
    "window": {
        "backgroundTextStyle": "light",
        "navigationBarBackgroundColor": "#fff",
        "navigationBarTitleText": " 指南针 ",
        "navigationBarTextStyle": "black"
    },
    "sitemapLocation": "sitemap.json"
}
```

2. 方位页面布局

1）页面布局

页面上方展示方位（正北），紧接着展示方位度数（0°），下方是一张图片。这张图片能根据不同的方位进行旋转并指向正确的位置，如图 8-4 所示。

图 8-4　方位页面布局

2）创建"方位"和"度数"字段

在 index.wxml 中添加 view 标签，在 view 标签内部添加两个 text 标签，分别用于展示方位和度数的内容。

index.wxml 实现代码如下：

```
<view class='container'>
    <view class='item'>
        <text>方位</text>
        <text>度数</text>
    </view>
</view>
```

此时发现"方位"和"度数"在页面中是并列展示的，就需要通过 CSS 来调整这两个标签的布局。首先调整字体的大小，然后把两个 text 标签改为块元素（这样就能把"方位"和"度数"这两个字上下展示），并且让其内容居中即可。

index.wxss 实现代码如下：

```
.container{
    height:100%;
    color:#666;
}
.item{
    font-size: 56rpx;
    padding-top: 50rpx;
}
.item text{
    display: block;
    text-align: center;
}
```

3）将"方位"和"度数"字段初始化为动态数据

"方位"和"度数"这两个字段是根据实际获取的数据来填充的，而不是通过"方位"和"度数"这两个字段来填充的，这种字段叫作动态数据（也称为数据）。

动态数据需要在 index.js 中的 data 里面进行初始化，当通过一些方法改变了 data 里面的数据值时，页面也会跟着 data 里面数据值的改变而改变。在初始化 index.js 里面的 data 字段的时候，要赋给一些默认值，也可以赋给空字符串，但是赋值的类型一定要和之后赋值的类型一致（就是当这个字段类型是数组，那么就需要赋值为空数组，不能赋值为空字符串，否则会因类型出现报错问题）。

用 direction 代表方位，用 angule 代表度数来初始化这两个字段（在编程中命名的字段使用英文进行命名，不能使用中文进行命名，包括文件夹和文件的名称，避免编码错误）。现在把 direction 和 angule 这两个字段初始化到 index.js 的 data 里面，并设置默认值为"正北"和"0°"。

实现代码如下：

```
const app = getApp()

Page({
    data: {
        direction:'正北',
        angule:'0°'
    },
    onLoad: function(){
```

```
    }
})
```

4）将动态数据填入页面

在小程序中，如果 index.wxml 页面中想要获取 direction 和 angule 的值，只需要在 index.wxml 中通过两个大括号填入 index.js 中 data 里面的字段即可，即在 index.wxml 中用 {{direction}} 就能获取 index.js 中 data 里面 direction 的值了。所以，index.wxml 中的 '正北' 改写为 {{direction}}，'度数' 改写为 {{angule}}。

实现代码如下：

```
<view class='container'>
    <view class='item'>
        <text>{{direction}}</text>
        <text>{{angule}}</text>
    </view>
</view>
```

此时就会发现页面展示了"正北"和"0°"，证明数据初始化和赋值成功。

3.指南针布局

1）指南针布局

在项目中和 app.js 同级创建名为 image 的文件夹，在网上搜索指南针图片，并下载到 image 文件夹内，将图片命名为 "compass.png"。在 index.wxml 中使用 image 标签，引入此图片。

实现代码如下：

```
    <view class='picture'>
<image src='../../image/compass.png'></image>
    </view>
```

2）添加指南针样式

指南针位于屏幕的中间，并且是上下左右居中的。设置 CSS 样式，在 index.wxss 下添加指南针样式。

实现代码如下：

```
.picture{
    width:650rpx;
    height:650rpx;
    position:absolute;
    top:50%;
    margin-top: -300rpx;
    left:50rpx;
}
.picture image{
    height:100%;
    width:100%;
}
```

3）添加指南针动画效果

指南针动画效果是通过初始角度旋转到特定的角度，然后通过平滑过渡来实现的。因此，在 index.wxss 的 .picture image 中添加 transition: all 0.3s 来实现动画效果。

实现代码如下：

```
.picture image{
    height:100%;
    width:100%;
    transition: all 0.3s;
}
```

4）指南针动态数据添加

指南针是通过对图片设置旋转角度来实现动画效果和旋转角度的，那么这个角度的值是通过小程序的设备 API 得到的，并且还需要实时获取，因此该值是个动态数据。首先需要在 index.js 的 data 内部将其初始化进去，使用 rotate 来表示该字段，默认值为 0。

index.js 中的 data 代码如下：

```
data:{
    rotate:0,
    direction:'正北',
```

```
    angule:'0° '
  },
```

将动态数据 rotate 添加到 index.wxml 上，在前面讲到图片是通过旋转角度来实现指南针旋转的，因此为 index.wxml 的图片添加动态样式 style 的 transform 属性，并把动态数据设置进去即可。

实现代码如下：

```
<image src='../../image/compass.png' style="transform:rotate({{rotate
}}deg);"></image>
```

4. 指南针效果实现

在刚进入页面的时候，调用罗盘 API 的 onCompassChange 方法来实时获取用户手机正前方对应的角度。该方法内部是个回调函数，回调函数内部有一个参数，对应两个值，分别代表角度和精度。

这里只使用了角度，根据角度来判断用户正前面的方位，在 index.js 中 onLoad 方法（ onLoad 方法和 data 同级，刚进入页面小程序便会自动加载 ）内添加代码。

实现代码如下：

```
onLoad:function(){
    wx.onCompassChange(function(res){
        var value = res.direction;
    })
}
```

此时 value 的值就是用户正前方与正北方的夹角，因为要显示八个方位（ 正北、正南、正西、正东、西北、西南、东北、东南 ），所以需要对 value 数据进行处理，在 value 下方添加代码。

实现代码如下：

```
var dir = ' 正北 东北 正东 东南 正南 西南 正西 西北 '.split(' ')
var dirAngle = 360 / 8;
```

```
var index = Math.floor(( value + dirAngle / 2) / dirAngle % 8);
var direction = dir[index];
```

direction 的值是用户当前正前方对应的八个方位中的某个方位，把得到的数赋值给 data 里面的各个字段。注意 angule 是带度数的，而 value 是数字，因此需要拼接上 "°"；value 的值是顺时针度数，而 rotate 的值需要图片向反方向旋转，因此需要 value 的负值。并且要注意 this 的指向问题，在 page 的方法内，this 指向小程序的内部 (this 指向 page，在方法内调用 page 的 data 的某个字段，只需要是同 this.data. 的某个字段即可)，而在 wx. onCompassChange 中 this 就不指向 page 了，而是指向 null(在所有 wx. 方法内都不能使用 this 调用 page 内的方法或属性)，因此通过一个变量接收 this 就能解决这个问题。

改写 index.js 中 onLoad 方法代码，实现指南针效果。

实现代码如下：

```
onLoad:function(){
    var that = this;
    wx.onCompassChange(function(res){
        console.log(that)
        console.log(this)
        var value = res.direction;
        var dir = '正北 东北 正东 东南 正南 西南 正西 西北'.split(' ')
        var dirAngle = 360 / 8;
        var index = Math.floor(( value + dirAngle / 2) / dirAngle % 8);
        var direction = dir[index];
        that.setData({
        rotate:- value,
        direction: direction,
        angule:value.toFixed(2)+'° '
    })
    })
},
```

5. 罗盘销毁

由于本项目只有这一个页面，并且只有这一个功能。当项目很大或该页面内容很多时，为了避免指南针数据出现错误及影响其他数据和性能，需要在离开该页面的时候对指南针进行销毁。要解决这个问题，只需要在 onUnload 方法内调用 offCompassChange 方法即可。

实现代码如下：

```
    onUnload: function(){
wx.offCompassChange()
    },
```

项目拓展

对该项目进行扩展，增加用户远离磁场的提示、校准指南针的操作。通过设备 API 获取 WiFi 的情况、网络情况、电量使用情况，并进行网络异常、WiFi 连接异常、电量不足的提醒。

参考文献

[1] 黑马程序员 . 微信小程序开发实战 [M]. 北京：人民邮电出版社，2019.

[2] 熊普江，谢宇华 . 小程序 . 巧应用 微信小程序开发实战 [M]. 北京：机械工业出版社，2017.